制御工学 The ビギニング

メカ屋に
やさしく、
わかりやすい
!

工学博士
西田麻美 著
Nishida Mami

日刊工業新聞社

はじめに

みなさん、こんにちは。
Ｔｈｅビギニングシリーズの第３弾のテーマは「制御工学」です。
機械工学は、「モノをつくる」ための基礎となる学問ですが、
制御工学は、「モノを動かす」ための基礎となる学問です。
両者は持ちつ持たれつの関係なので、
ものづくりに携わるエンジニアにとっては必要不可欠な技術です。
しかし、その大切さをわかっていながらも、
制御工学は「一体何をやっているのかわからない」「難しくてハードルが高い」
といったメカ屋さんの嘆きをよく聞きます。
その理由について探ってみると、
制御工学の「ものづくりへのこだわり方」がよく伝わっていないこと。
制御工学の基本は理論ベースなので、「数学のマスターありき」に加え、
「振動、電気などの物理系分野のマスターありき」が大前提で、
制御工学に向き合う準備が整っていない状態で進められていること。
この２点に集約されるのではないかと考えました。
そうなると、初心者は、置いてけぼりになるし、苦痛にもなるし、
制御工学を遠ざけたい存在になります。
そこで、本書は、「初心者は初心者にあった進め方がある」をモットーに、
まずは制御工学へのとっかかりやその世界観を掴んでもらえるよう、
ビギナーさんに向けて、わかりやすさを重視しています。
したがって、「理論」という意味で、ギャップがある点をお断りしておきます。
また、初心者が飽きずに効率よく学習できるように、
重要な要点だけをギュッと絞り込み、各章ごとにまとめています。
本書は、私自身の実体験も詰め込んでいる一冊です。
１章から９章まで、一歩一歩踏み出しながら、
「マラソン」のようなイメージで完走し、
さらなる一歩へつなげていただけるよう心から応援しています。

西田麻美（工学博士）

要点凝縮のオードブル集
「がっつりコレだけ制御工学」

制御工学 The ビギニング　もくじ

第1章　制御工学のはじめの一歩

第2章　制御の「種類」と「分類」

第3章 制御工学と言えば「フィードバック制御」

第4章 「フィードバック制御」と言えば「PID制御」

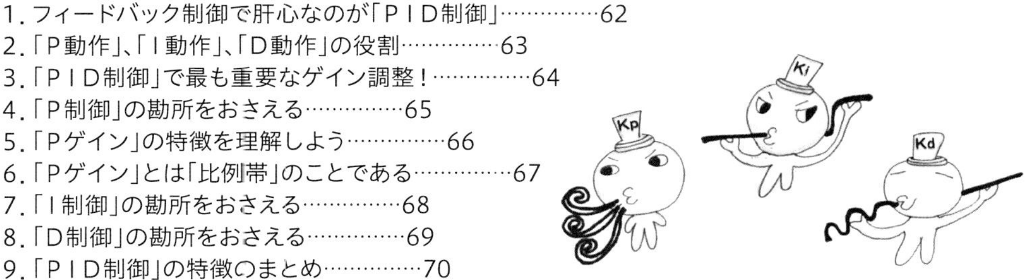

第5章 伝達関数と「等価変換」

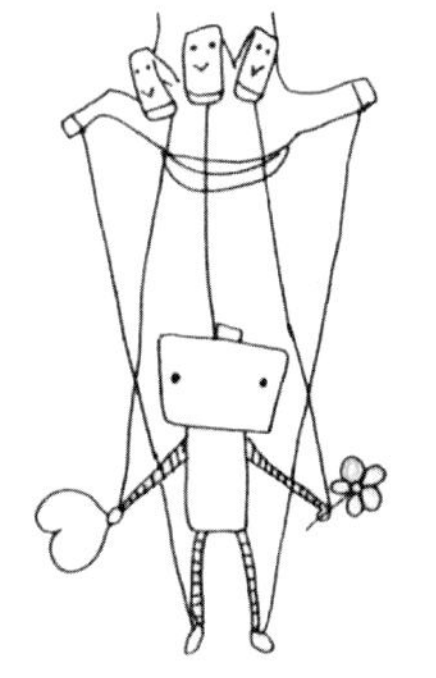

第６章 制御工学は「モデリング」からはじまる

第７章 実践式で理解しよう「ラプラス変換」と「伝達関数」

第8章 「ステップ応答」のいろは♪

第9章 「周波数応答」のいろは♪

制御工学の はじめの一歩

1 制御とは

身の回りのさまざまな機械・機器を設計・製作するとき、いまや「制御」は必要不可欠の技術です。さらに言えば「制御技術」は、私たちの生活をより快適に、より便利なものにする可能性を秘めています。

では、「制御」とは一体何者なのでしょう。一昔前の扇風機のように、単純に機械を動かすだけならば、制御とは言いません。制御とは、機械や装置などに、思い通りの「動作」を「自動的」にさせる手段と言えます。機械を思い通りに動かすには、その仕組みや方法について身につけておかなければなりません。

たとえば、機械は個々に、一番良い動かし方があります。それを専門用語で「最適化」と呼びます。また、動く機械は、すべて「運動方程式」で表すことができます。「表す」ことができれば、コンピュータによってピタっと止めるなど、お手のものです。さらに、ピタっと制御されるかどうかも、シミュレーション（ソフトウェア）で事前に予測し、評価することもできます。そこで、制御工学に取り組む上ではずせない制御（ソフト屋さん）の考え方や専門用語を、おさえていきましょう。

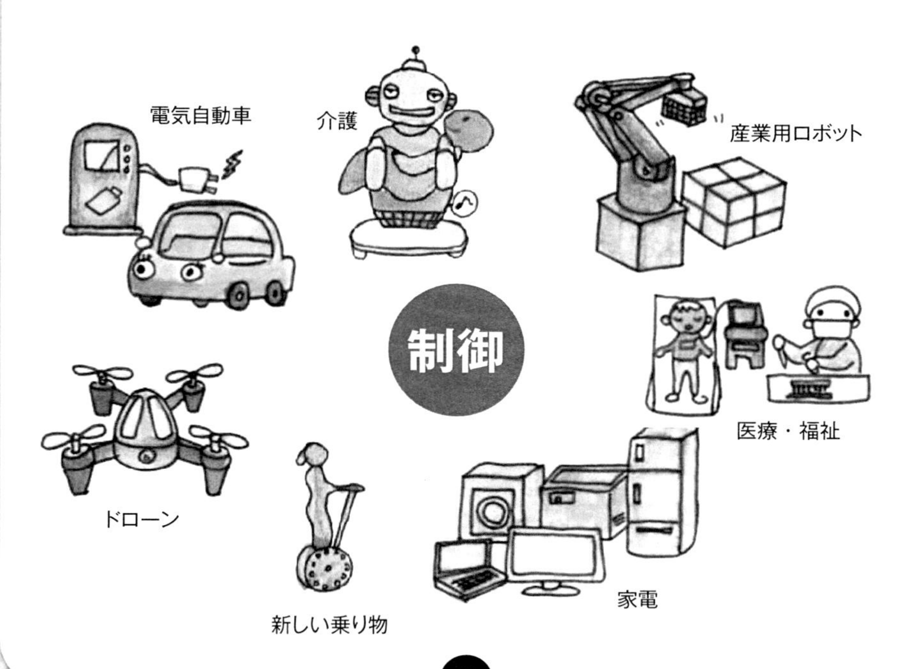

2 制御の定義の意味するところ

「制御」は、英語に直訳すると「Control（コントロール）」です。意味合いとしては、「ちょうどよい具合に調整する」というイメージが近いと言えます。しかし、これだけですと、「何を？」「何で？」「どのように？」調整するのかが曖昧です。実は「制御」については、日本工業規格（JIS）によって定義が記されています。そこから引用すると、制御とは、「ある目的に合うように、制御対象に所要の操作を加えること」とあります。実は、この一文にとても大事なキーワードが込められています。これをもう少し、解釈を加えて説明してみると、制御というのは、

① 目標（目標値）があること
② 制御対象（調整させたい部分）がきちんと用意されていること
③ 所要（制御の分量）があること、あるいは、わかること
④ 操作（操作する量）があること、あるいは、わかること

が整備されていることが大前提で、制御するには、①から④が必要条件になります。したがって、目標（ターゲット）がよくわからなかったり、制御対象そのもの（構造や部品）が勝手に変形するような状態だったり、所要や操作の値が正確に読み取れないなどの場合は、コントロールの条件が不成立となり、「制御」（コンピュータ）では取り扱うことができないと判断されます。

定義 〈制御する前に確認する事項〉

①目標値がある

②制御対象がある

1. 制御とは、ある「目的」に合うように、「制御対象」に「所要」の「操作」を加えること (JIS Z 8116)

③所要（制御量）がある

④操作量がある

2. 上記のことを自動で行うことを「自動制御」と言う

3 制御のための「4つの条件」

それでは、実際に、定義にあてはめて考えてみましょう。下図は、水槽の温度を一定に保ちながら、熱帯魚を自動で飼育する装置です。制御できるとは、4つのポイントが整っているときです。

① 目標値	水槽の温度 ＝ 25℃で一定
② 制御対象	電気で動く水槽用クーラー（温度調節器）
③ 制御量	（今の分量）実際の水槽の温度 ＝ 28℃
④ 操作量	（操作させる量）28℃ － 25℃ ＝ 3℃

※③④の状態を知るために、温度センサを取り付ける

このように、①から④の条件は成立しており、制御ができる状態です。このシステムではクーラーのスイッチの入切を自動で行い、水槽内の温度が常に一定になるようにコンピュータで調節することができます。

熱帯魚を飼育する（自動制御）

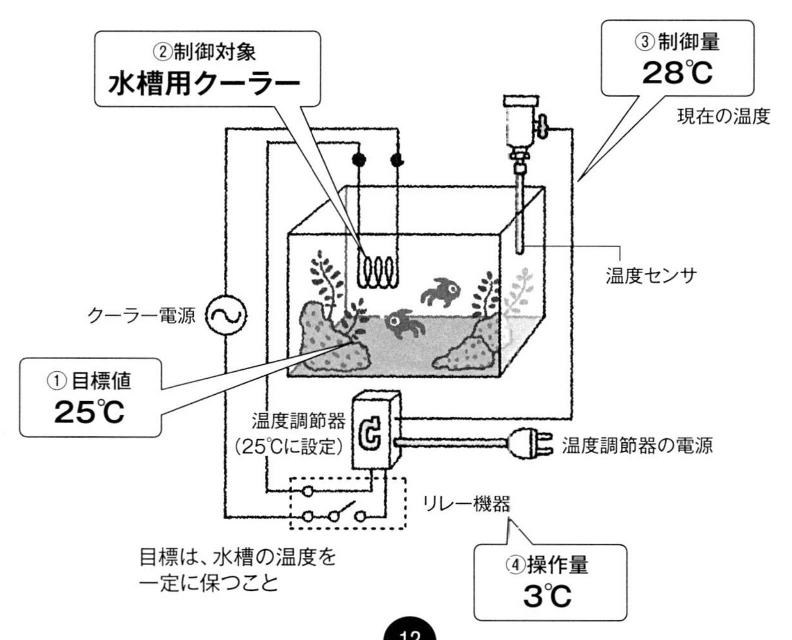

「制御対象」とは

制御工学ではっきりとさせるべき条件の１つが「**制御対象**」です。制御対象では、「ダイナミクスを持つ機械（システム）を「制御対象」とする」というルールがあります。では、「ダイナミクス」とは何者なのでしょう。前ページの水槽の温度調節を例に説明しましょう。たとえば、水槽の温度が設定温度（目標値）よりも高いときは、水槽用クーラーのスイッチを入れて設定の温度まで下げるように操作します。しかし、実際には、スイッチを入れた（入力）と同時刻に、目的の水温まで下がるわけではなく、徐々に目標まで下がります。これは、水が比熱（冷却してもすぐには温度が下がらないという性質）を持っているからです。このように、ほとんどの制御対象（機械・電気などの物理系）は、命令してから反応（応答）し、目標値にとどくまでに時間的な遅れが生じます。これを「ダイナミクス（動特性）を持っている」と言います。他にも例を挙げると、

・自動車の速度を80 km/hに保つ
・二足歩行ロボットを倒れないように姿勢を維持する
・モータの回転数を3000回転まで変化させる

など、動作を伴うものは皆ダイナミクスです。

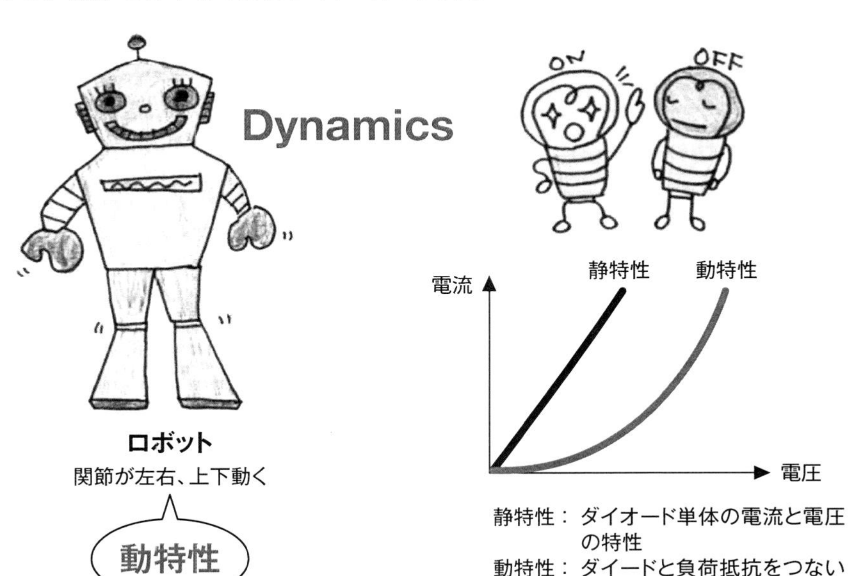

静特性：ダイオード単体の電流と電圧の特性
動特性：ダイードと負荷抵抗をつないだときの電流と電圧の特性

5 「ダイナミクス」と「スタティクス」

ここで、静的システム（Static System）と動的システム（Dynamic System）の違いについて、イメージをつかんでおきましょう。例として、物差しを「1つのシステム」として考えてみます。入力は「手元の角度」で、出力は「先端の角度」とします。短い物差しの場合、上下に動かしても出力は入力の変化だけで決まります。これが「静的システム」です。静的システムは「ある時刻における出力値が、その時刻の入力値だけによって決まるシステム」と定義されています。一方で、物差しがすごく長くなると、手元の角度を上下に動かせば、物差しの先端はブランブランと揺れて、出力が手元の角度だけではわからなくなってきます。これが「動的システム」のイメージです。動的システムは、「ある時刻における出力値が、その時刻以前の入力値に依存するシステム」と定義されています。つまり、動的になると「状態」の影響や「過去の入力」の影響を考慮しなくてはならなくなります。これが、「動的」の意味深いところです。

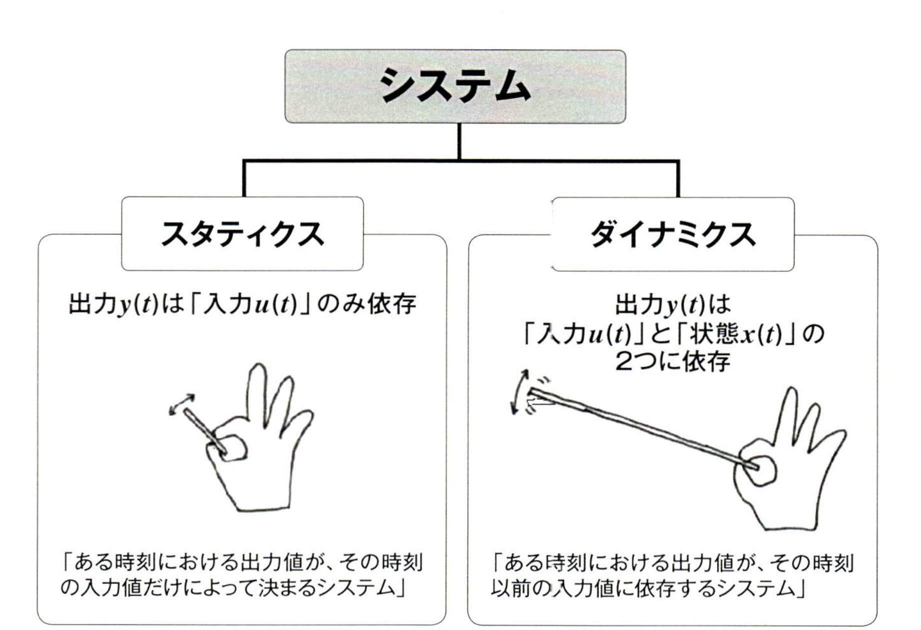

※これを別の見方から考えると、「状態」の関係がわかれば、過去の状態から未来がどうなるか予測することができます。

制御工学の肝は「安定」と「不安定」の概念

機械が動けば、多かれ少なかれ力が生じて、その結果、「振動」します。

例えば、モータで往復させる機械は、アンバランス質量（回転時の質量に働く遠心力が全体としてつり合わない）が大きいこともあり、システムの中に振動を大きく（増幅）させるメカニズムが存在しなくても激しく振動する場合があります。振動の抑制対策としては、①振動の元を断つ②振動しにくい構造にする（強度を高める）③振動を打ち消す④減衰を与える、という方法などがあります。制御工学では、特に④の「減衰」に着目して振動の軽減対策を考えます。さらに、振動は、力を加えたときに発生しますが、その力は、単発で作用、連続で作用など、さまざまにあり、力が加わって動いたことに対する応答と密接に関係しています。通常、きちんと設計された機械であれば、振動は時間とともに減衰して、やがて落ち着きます。この状態を制御工学では「安定」と言います。一方、設計に不備があると、いつまでも振動が続いていたり（これを「安定限界」と言います）、振動が大きくなったり（「不安定」と言います）といった状態になります。制御工学では、システムが「安定」なのか、「不安定」なのかを調べて、その機械のクセ（特性）を明らかにしていくという目的があります。

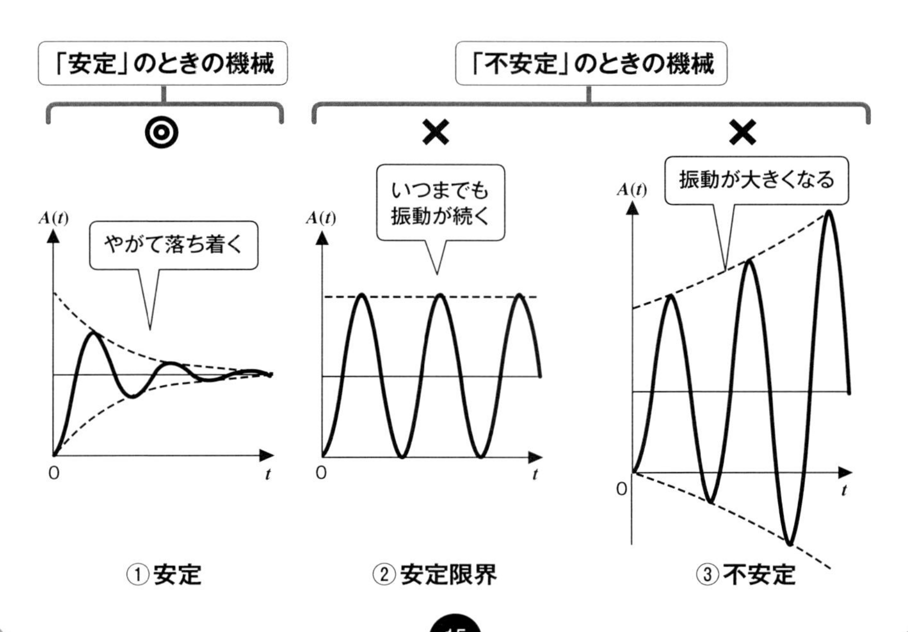

「1入力1出力系」のシステムが対象

動的なシステムは、下図のように、機械だけでなく、多種多様な要素の組み合わせから構成されています。図のシステムは、モータによってテーブルを任意の位置まで動かす「駆動システム」と呼ばれるもので、①から⑥までのメカトロ要素から構成されています。ここで、モータに電圧を与えて、速度を一定に保つ「速度制御」を行ったとしましょう。このとき、与える電圧は1つで、目標の回転速度も1つだけです。同様に、「位置制御」のときも、与える電圧は1つで、目標の回転角度も1つです。このように、1つの入力、1つの出力となるシステムを「単入力単出力系」と言います。制御工学（古典制御）で扱われる制御対象のほとんどが、1入力1出力系のシステムです。

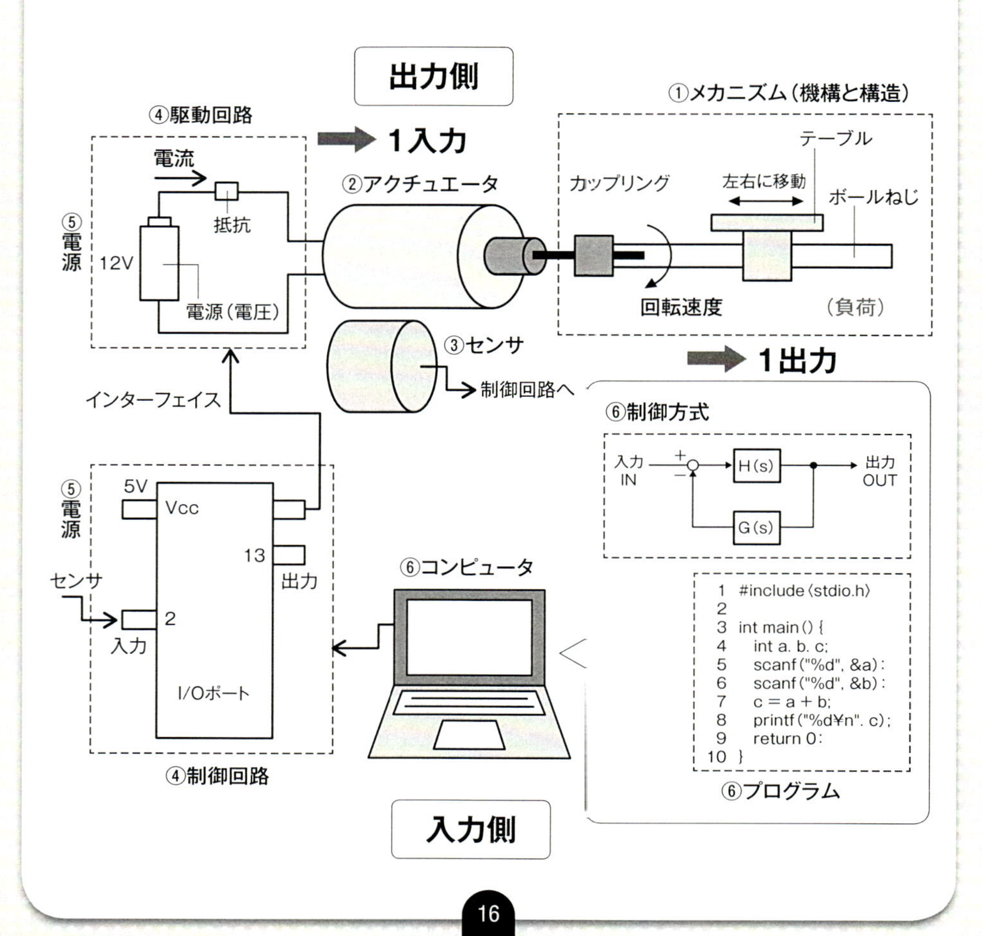

8 「入力」と「出力」の関係に注目

さて、システムとは、何かの「入力」を受けて何かを「出力」します。出力とは、入力に対する反応です。例えば、駆動システムでは、③→⑥→④→②→①といったように、各要素から各要素へ伝達しながらモータを回転させます。このようにシステムは、プロセスを正確に繰り返す性質があります。しかし、どんどん入出力をつなげると長く複雑になるので、制御工学では、「動的システム」という１つの要素にまとめてしまい、その入力と出力の関係のみに注目します。そして、入力と出力のプロセスの関係をまとめるのに「伝達関数」と呼ばれるアイテムを使います。

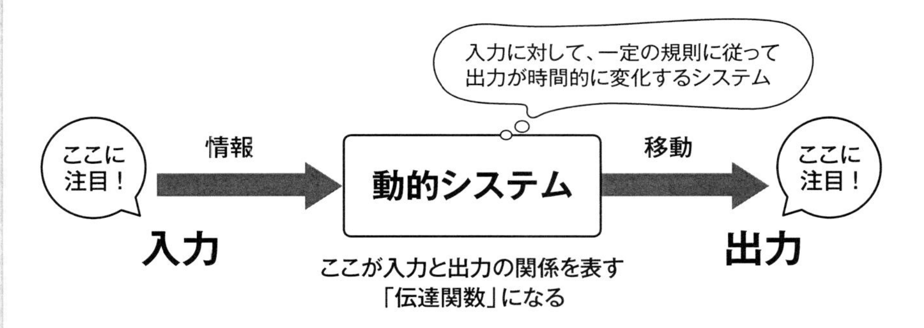

さて、上記をもう少し専門的に説明しておきましょう。システムは、工業３大要素と呼ばれる「物質」、「エネルギー」、「情報」を入力しています。これらに、①変換（例えば、情報からエネルギーへ加工や処理）②伝達（要素Ａから要素Ｂへ移動や輸送）③保存（情報データの蓄積、記録）などのプロセスを経て、要望の「物質」、「エネルギー」、「情報」を出力します。

9 入出力に対するメカ・エレキ・ソフトの役割

制御工学は、組み合わせた構成要素において、ある情報（または信号）を入力（伝達）させたとき、どのように動きが変化するのか（これを応答と言います）などのシステムの特性（クセ）を明らかにしていきます。そして、その対応関係をはっきりさせるために「伝達関数」というアイテムを使います。伝達関数には、入出力の対応関係をわかりやすくするほかに、もう一つ、大事な役割があります。それは、入力と出力を「一致させる（最も効率よく信号が伝達される）」方法とは何かを探すことです。

ここで、システムの「入力」と「出力」のイメージをつかむために、メカ（機械）、エレキ（電気電子）、ソフト（制御）のそれぞれの視点から、「効率」をキーワードに個々の考え方や役割を比較してみましょう。

メカ屋さんは、アクチュエータからの動力（回転力など）をカムやリンクの伝達機構（カラクリと言います）を介して、運動（回転や直進）に変換し、所望の仕事を「効率よく」達成させる役割を担います。

モータからの電気エネルギーと機械の仕事を「一致する」（動力に見合う機械運動をさせる）ためには、どのようなメカニズムを組み合わせるべきかを考えるのが腕の見せどころです。

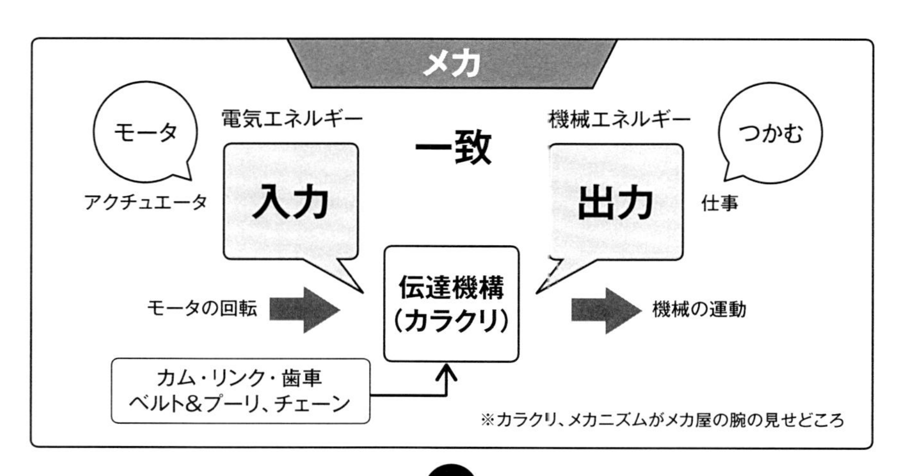

エレキ屋さんは、コンピュータから指令（0Vや5Vなどの電圧）を受けたら、電源からのエネルギーを取り出して、モータやセンサが適切に働くように「電圧（電流）と機能」を「一致させる」役割を担います。抵抗、コンデンサ、コイル、ダイオードなどの電子部品を選び、「効率よく」機能するよう構成するのが腕の見せどころです。

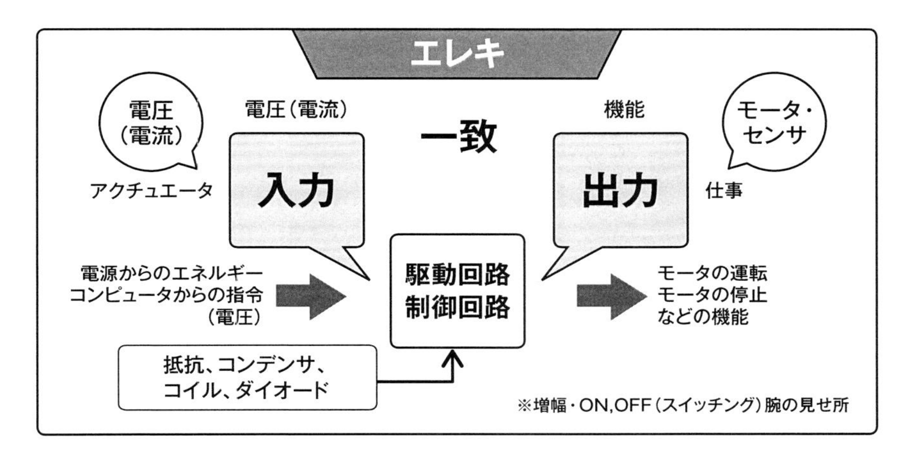

ソフト屋（制御屋）さんは、システム全体の動作について考えます。ある信号（電圧）をメカやエレキで構成されたシステムに与えたときに、思った通り動くように数式モデルや伝達関数を使って「信号と動き」を「一致させる」役割を担います。理論的なアプローチから、全体の動き（安定するかどうか）を予測するのが腕の見せどころです。

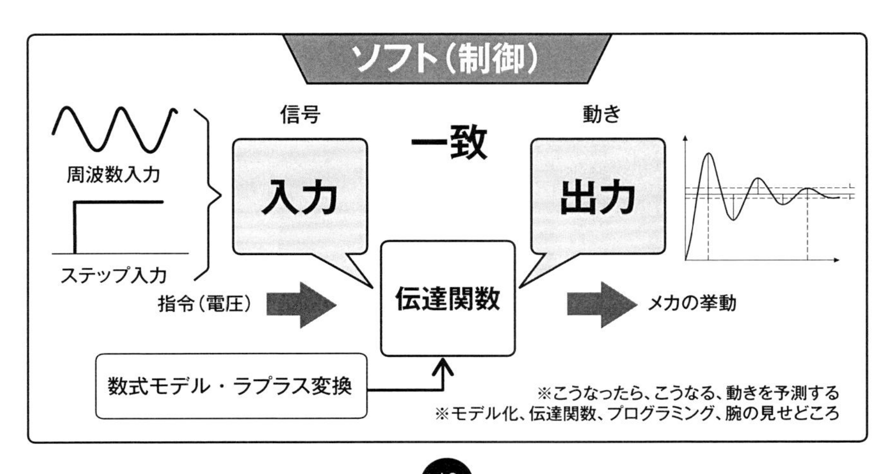

10 ロボットアームで見る「入力」と「出力」

それでは実際に、ロボットアームの「入力」と「出力」の関係を見てみましょう。ロボットアームは、入力（モータへ入力電圧）を加えると、出力（手先の位置）が変わるシステムです。例えば、手先を目標とする位置や姿勢に近づけるため、電圧（パルス）をポン、ポンと段階式にモータに加えたとしましょう。ロボットアームは「動的システム」なので、ポン、ポンと与えた電圧が振動となってアームを伝わっていき、手先がブラブラと揺れてしまいます。このように、単純にモータに電圧を加えただけでは、正確に制御できません。素早く目的の位置にピタッっと手先を持っていくには、速度のコントロールが必要です。それには、電圧と回転数の関係やロボットの位置・姿勢の変化、さらには力の関係を事前に知っておく必要があります。

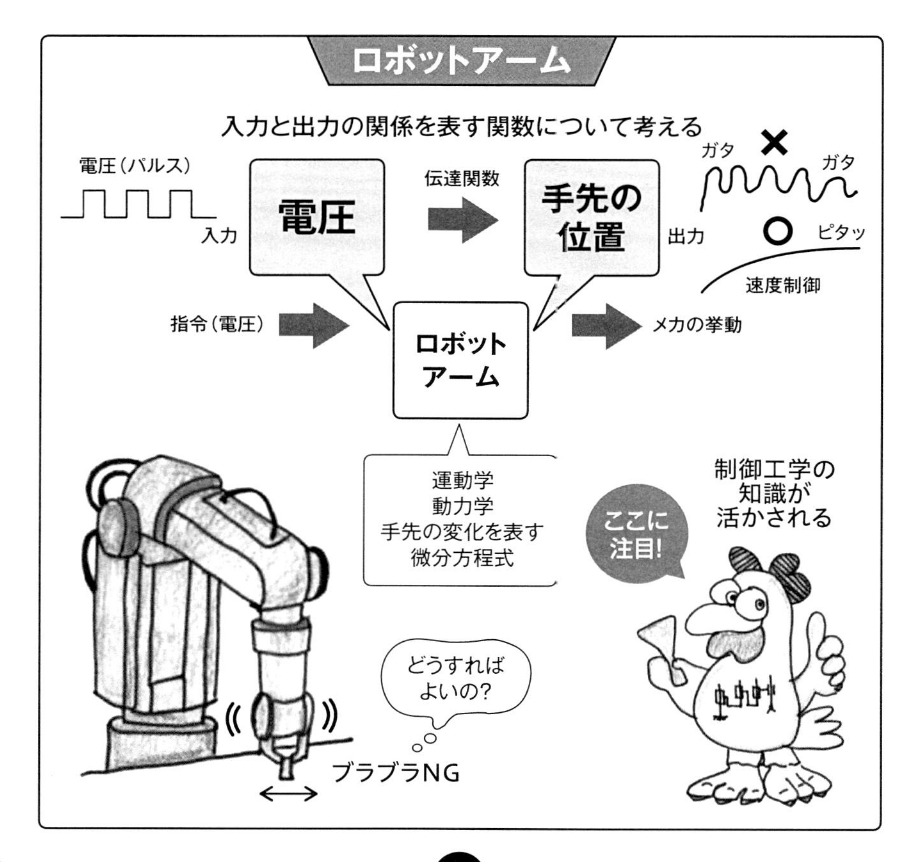

11 「制御できる」or「制御できない」

制御できる（または制御できない）とは何かについて、実際に「DC（直流）モータ」を例に説明します。DCモータは電圧を高くすれば速く回転し、電圧を低くすれば回転が遅くなるという特徴を持ったモータです。例えば、1500回転までモータを回転させたい場合、そのモータの1500回転のときの電圧がどのくらいであるかがわかれば制御ができます。通常、モータには、その性能を表す尺度として、電圧と回転数の関係性を示した「データシート」が用意されています。もしもデータシートがなければ、実際にモータを回して実験的にその関係を求めるようにします。このように、「制御できる」ようにするためには、「入力」と「出力」の関係を「一致（イコール）」で示す何らかの情報が必要になります。そして、入出力の関係がわかれば、伝達関数として記述できます。

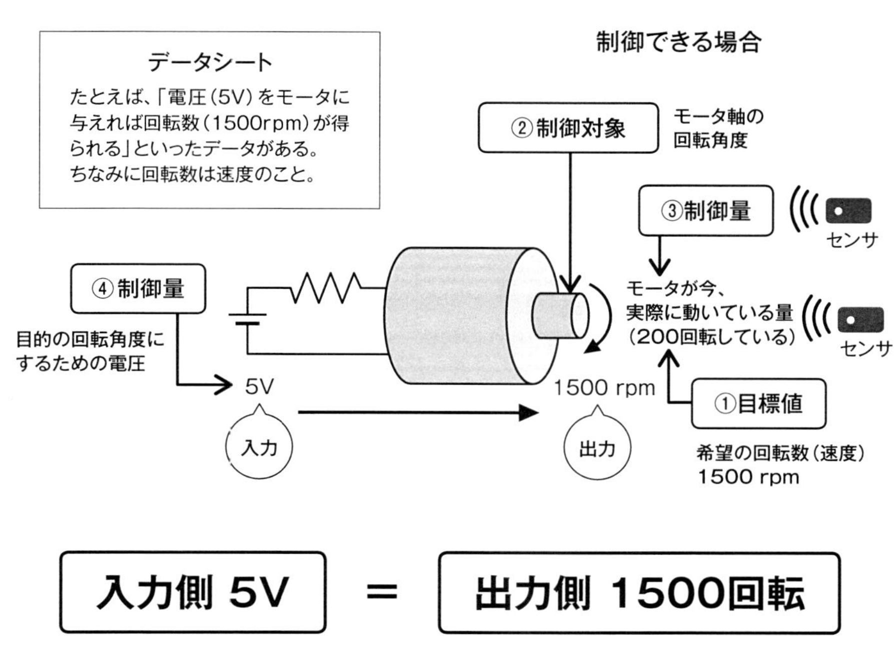

入力側 5V	＝	出力側 1500回転

制御工学では入力と出力の関係が整っていることが大前提！

12 モータは制御できるように設計されている

DCモータ（直流モータ）は、入力と出力の関係が整っている制御対象です。整っているというのは、入力（ある電圧のとき）、出力（ある回転数になる）ことがわかって、さらにその回転の様子が、常に同じ状態の「応答」として表れることを言います。「応答」とは、下図に示すように目的に合致するまでの挙動で、モータは、「電圧を加えたら、毎回、毎回、同じ挙動を示します」というように設計されています。このように制御対象はきちんと再現できることが重要です。

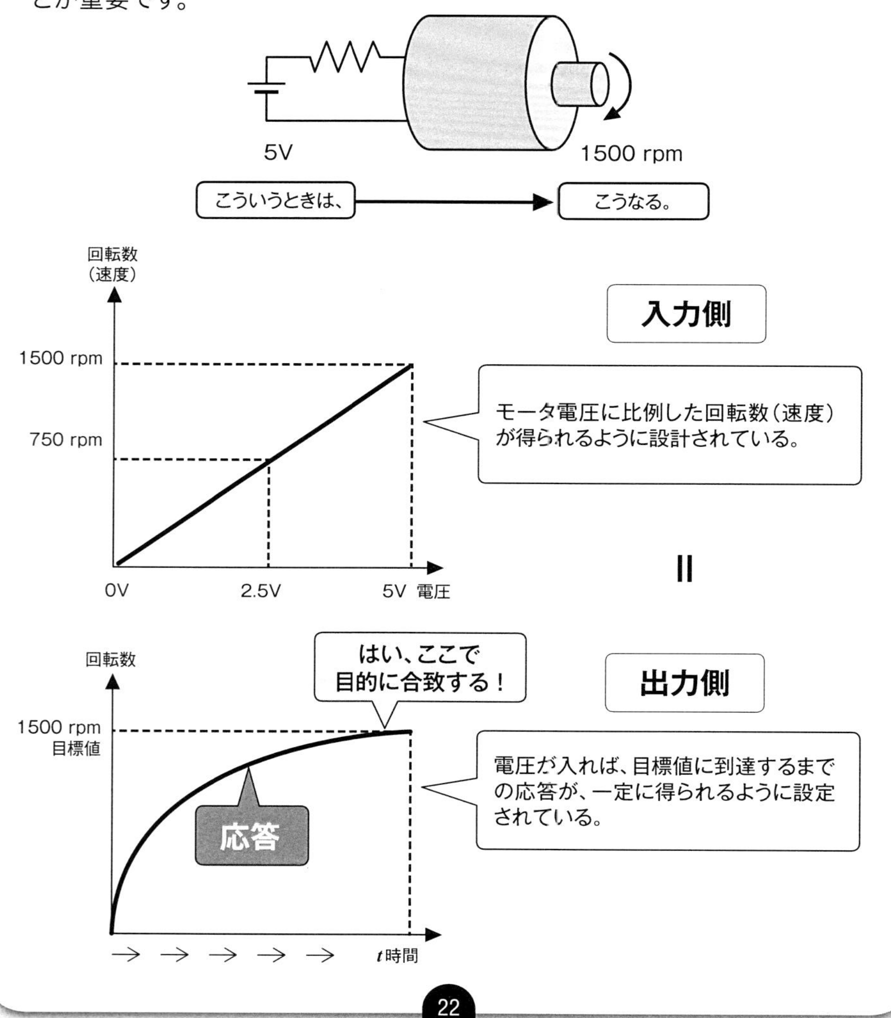

13 制御で大事な「線形性」と「時不変性」

さて、モータは、直流と交流のいずれかで動かしますが、どちらも電圧や周波数に比例した回転数が得られるように設計されています。DCモータのように、$y=ax$のような1次関数（入力に比例した応答）を「線形性」（リニアリティまたは直線性）と言います。線形性は、忠実度が高く、制御しやすいという基本特性の1つです。そして、もう1つ大事な特性に、「時不変性」というものがあります。これは、システムの入力と出力の関係が時間とともに変動しないという専門用語です。たとえば、時間Aだけ遅れた入力があったとき、出力も時間A遅れて現れたら「時不変性」があると言います。

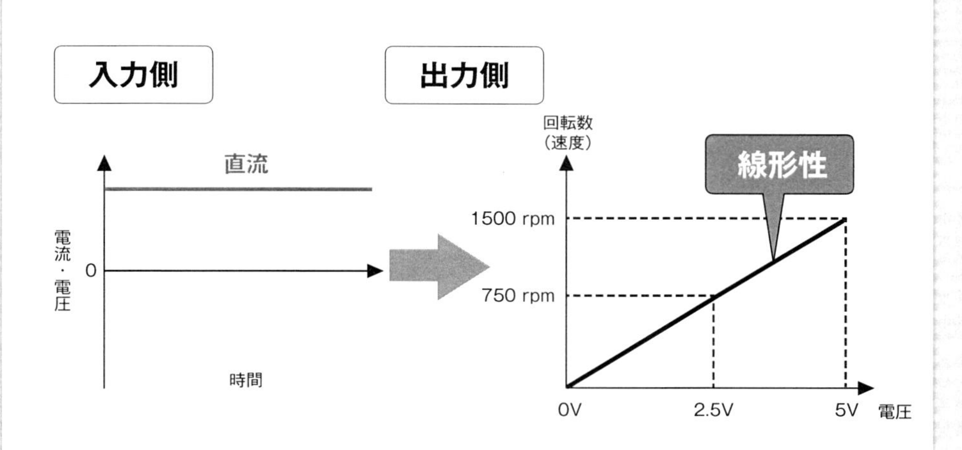

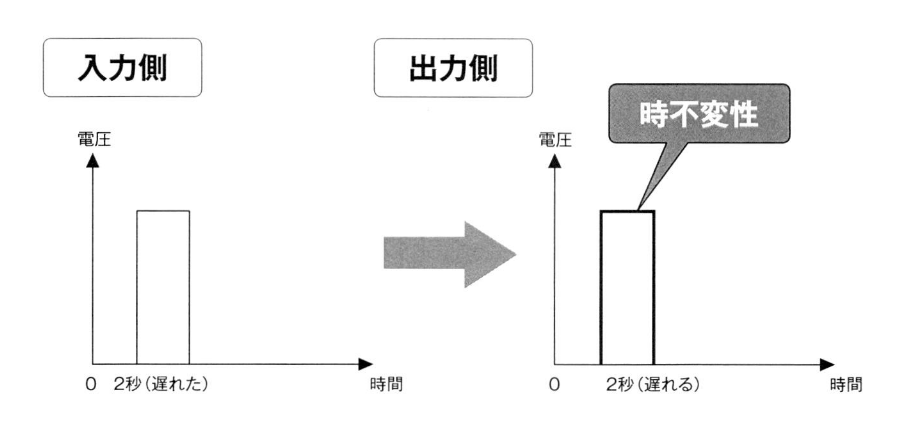

14 制御不能・不安定な応答とは

　モータ単体は、どのような応答を示すかがわかっている制御対象です。しかし、メカニズムなどの別の要素を組み合わせると、最終的にどのような応答になるのか予測が立てられない場合があります。下図は、不安定（または、制御不能）の出力の例です。ケース１のシステムでは、調子が良いと1500rpmまで到達し、調子が悪いと届かないという気まぐれなシステム、ケース2は、目標値を通り過ぎてどこかにいってしまったり（これを「発振する」と言います）、目標値に届いたのだけど、その後ガタガタと振動しだすシステムです。制御工学では、このような不安定な応答になるかどうかを判定し、改善や安定に導く方法についても考えます。

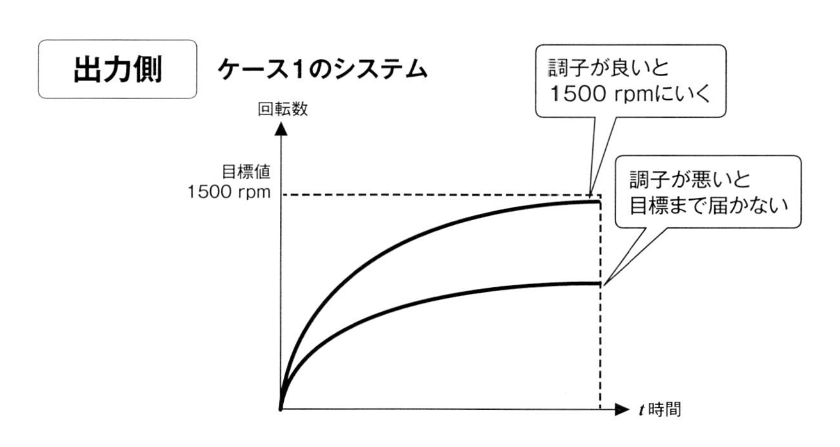

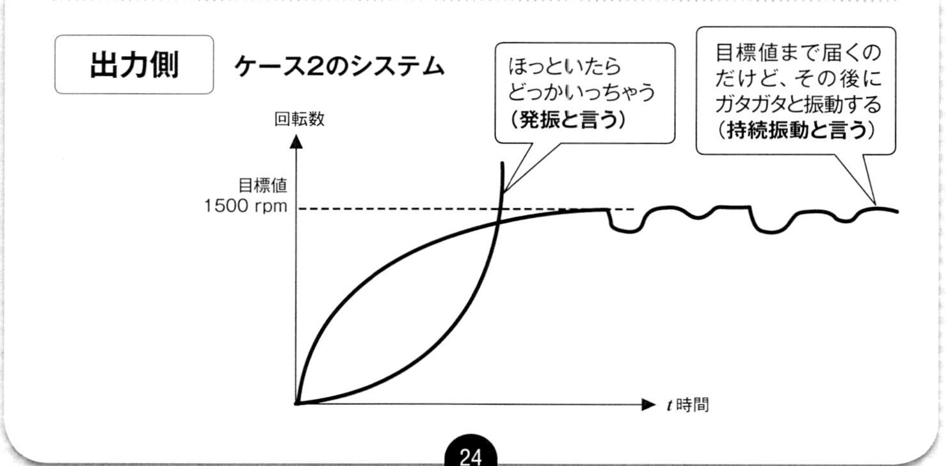

15 システムにとって深刻なのが「外乱」

応答を不安定にさせる原因はさまざまにあります。一見取るに足らない些細なことで、突然制御できなくなるということは、実はよくあるのです。システムの状態を乱す外的作用を「外乱」と言います。外乱はいたるところで発生します。

たとえば、メカ系では、振動、摩擦、突然の過負荷、軽負荷などのほか、温度や環境の突然の変化などによっても発生します。エレキ系では、急激な電圧の変動、ノイズ、などが代表的な要因です。外乱の影響を阻止するような、強い内部の仕組みを考えるのも制御工学の役割の1つです。そこで採用されているのが、フィードバック制御です。制御工学は別名「フィードバック制御」学問と言われるように、フィードバックと呼ばれる手法を用いたシステムを対象に考えています。

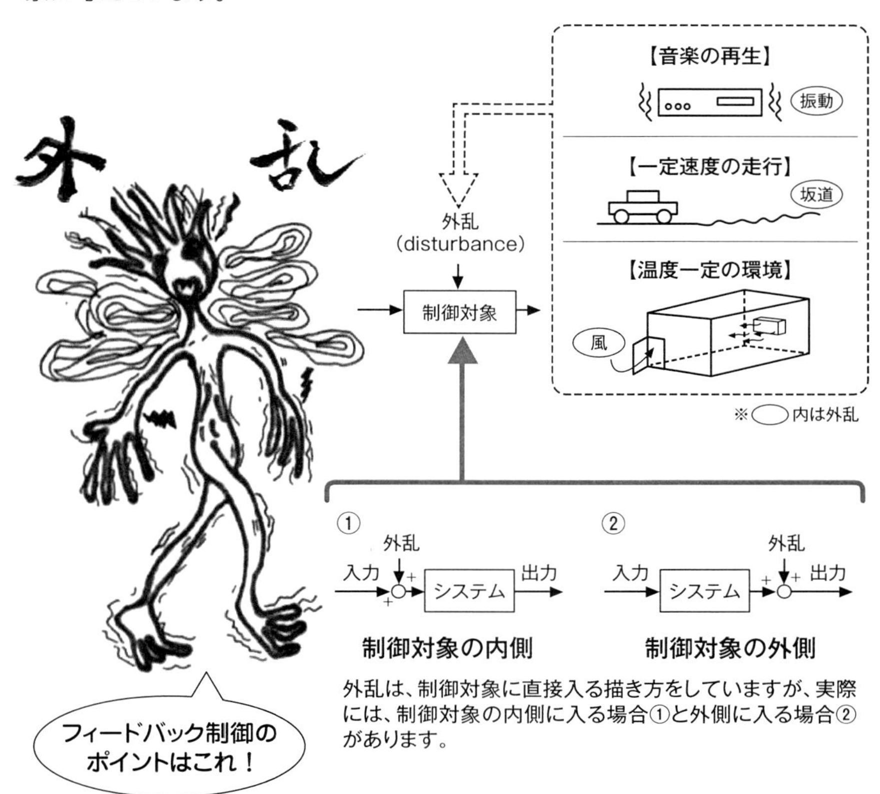

外乱は、制御対象に直接入る描き方をしていますが、実際には、制御対象の内側に入る場合①と外側に入る場合②があります。

1

ビギニングTHEチャレンジれんしゅう

次の文章の空欄箇所に当てはまる専門用語を記入してみましょう。

（1）制御するためには、❶［　　］、❷［　　］、❸［　　］、❹［　　］の４つの条件が整っていることが大前提である。

（2）入力xに対して出力y＝axとなるような、現時点の入力のみに依存して出力が決まるシステムを❺［　　］という。一方で、過去の状態に依存して現在の状態が決まるシステムを❻［　　］という。

たとえば、電圧を与えれば電流が得られるような回路は❼［　　］であり、ばねにつないだ物体に外力を与えてその変位を得る機械は❽［　　］である。後者のシステムは、微分方程式などを用いて記述される。

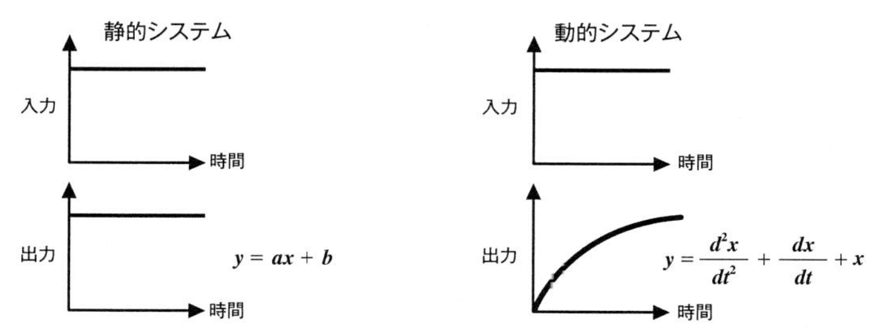

（3）古典制御は、動的システムの中の❾［　　］系を扱う。この系を線形システムという。

（4）制御工学の最大の目的は、❿［　　］について調べることである。その方法として、入力と出力に注目し、⓫［　　］を使って評価する。入力に対する出力を⓬［　　］という。これは、目標値に達するまでの挙動で、制御しやすい⓭［　　］や入力に従属して反応する⓮［　　］が望まれる。

（5）サーボ機構で見られる不安定な応答の代表が振動が大きくなり元の状態に戻らなくなる⓯［　　］である。システムを不安定にさせ、状態を乱す外的作用を⓰［　　］という。これを解決するために採用される制御方式が⓱［　　］である。この制御方式に注目して、システムの安定性を保つことを考えるのが制御工学の一つの目的である。

答え

❶ 目標値　❷ 制御対象　❸ 操作量　❹ 制御量　❺ 静的システム　❻ 動的システム
❼ 静的システム　❽ 動的システム　❾ 1入力1出力　❿ 安定性　⓫ 伝達関数　⓬ 応答
⓭ 線形性　⓮ 時不変性　⓯ 発振　⓰ 外乱　⓱ フィードバック制御

制御の「種類」と「分類」

1 「手動制御」と「自動制御」

制御には、「あるモノを思い通りに操る」という意味があります。たとえば、ハサミは、2つの刃でモノを挟んで切るための道具です。切ると言っても、「紙を切る」、「布を切る」と対象もさまざまで、「まっすぐ切る」、「ジグザグに切る」と操作を加える方法もいろいろあります。一方、高速で動く機械に、さまざまな操作を加えて動かす場合、人間が直接、手や足を使って動かすことはできません。しかし、電気・電子回路やコンピュータを用いれば、機械をハサミと同じように操ることができます。このように、制御には、人の力で直接操作する「手動制御」と、機械を自動で動かすために回路やコンピュータを用いて操作する「自動制御」があります。制御は、「所変われば品変わる」といったように、目的に応じて、加える操作方式も異なります。ここでは、自動制御の種類と分類について説明します。

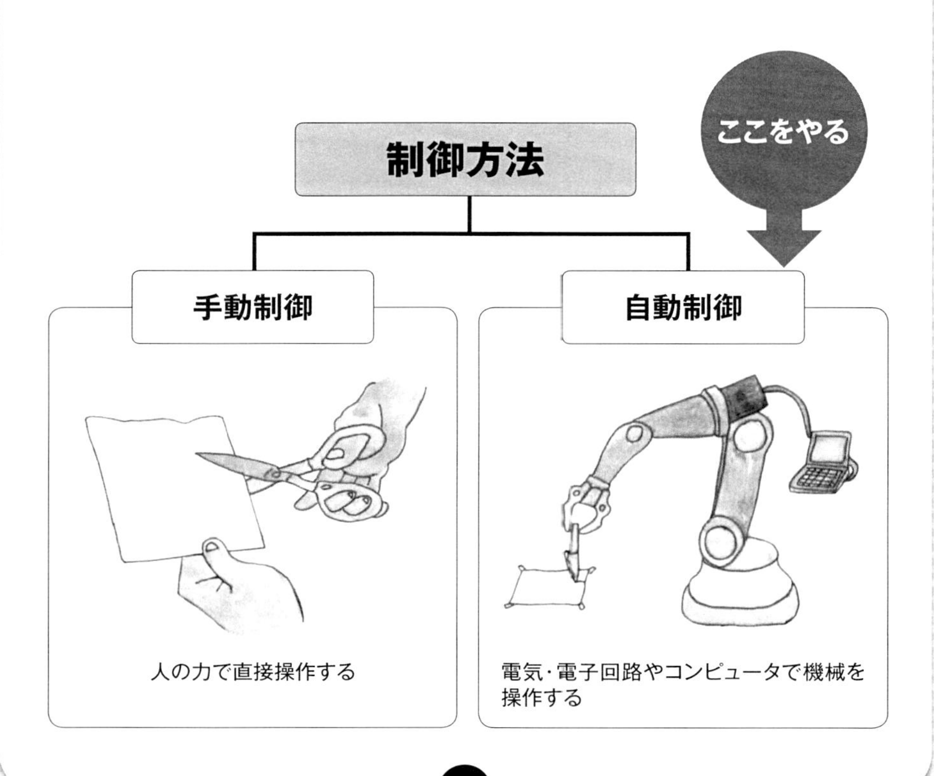

2 自動制御（制御理論）の歴史

制御技術を工学的に用いたのは、1780年代にJ.Watt（ワット）が、蒸気機関の回転速度を「一定値」に保つために遠心調速機を発明したのが最初だと言われています。1800年代半ばになると、操舵装置に用いて、方向や姿勢などを自動で操作させるサーボ機構が誕生しました。制御技術は、失敗と成功の試行錯誤を繰り返して、ある規則を見つけながら理論を作り、やがていろいろな方面で発展しています。現在では「ＩｏＴ」のみならず、「ＡＩ」、「ＶＲ／ＡＲ」、さらには「５Ｇ」の動きなどに対応する技術に先駆けて、新しい方法論が研究され続けています。一般的に自動制御の種類や分類は、製品によって異なるうえ、「値」「量」「信号」など、「何と何の関係をおさえるべきか」という見方によってさまざまです。

制御理論の歴史

年	制御技術史	制御理論史	時代を拓いた研究者・技術者
1800〜1920	●オートマン、機械時計、ガバナ（1788）	●フィードフォワード制御（17世紀） ●フィードバック制御（18世紀）の概念確立	ワット（J.Watt） マクスウェル（J.C.Maxwell） ラウス（E.J.Routh） フルビッツ（A.Hurwitz）
1940	●フィードバック増幅器の発明（1930） ●電気・通信技術への貢献 ●世界大戦でのサーボ技術（1940） ●サイバネティックス	●古典制御 PID制御 位相進み・遅れ補償 伝達関数 周波数応答 安定性	ブラック（H.S.Black） ナイキスト（H.Nyquist） ボード（H.W.Bode）
1960	●航空・宇宙時代到来 米ソロケット競争 ●重工業の発展 自動車・家電	●現代制御 状態空間モデル 最適制御 カルマンフィルタ オブザーバ 可制御、可観測、実現問題 安定理論	ウィナー（N.Wiener） ベルマン（R.Bellman） ポントリャーギン（L.S.Pontryagin） カルマン（R.E.Kallman） ザデー（L.A.Zadeh） ローゼンブロック（H.H.Rosenbrock） マクファーレン（D.C.Mcfarlane）
1980	●ロボット産業の隆盛 ●情報化時代 遠隔制御 FA・FM・CIM インターネット 携帯電話	●ポストモダン制御 ロバスト制御 適応制御 学習制御 ディジタル制御 インテリジェント制御 ファジィ制御 ニューラルネットワーク GA	ゼームス（G.Zames） ドイル（J.Doyle） ランダウ（L.D.Landau） 木村（H.Kimura）ら日本の研究者
2000	●クラウドコンピューティング ●スマートグリッド ●人間・ロボット共生	●21世紀の制御 非線型制御 ハイブリッド制御 環境制御 バイオロジー制御 エネルギー制御 ライフサイエンス制御（生命医療分野）	
2010	●人工知能 ●機械学習 ●ディープラーニング ●ビッグデータ	●ネットワークの制御 自律分散制御 自律適応制御 QoS制御 トラフィック制御	

3 「古典制御」と「現代制御」

自動制御で用いられている制御理論には、主に「伝達関数法」と「状態空間法」があります。伝達関数法は、古典制御理論とも呼ばれており、「1入力1出力（P16）」のシステム系を対象に、制御系を「伝達関数」で表し、「周波数領域」で設計することを特徴としています。一方、状態空間法は、現代制御理論で扱われており、「多入力多出力」のシステム系を対象に、制御系を「状態方程式」で表し、「時間領域」で設計することを特徴としています。古典制御理論は、実用的で最も多く用いられていますが、両者は、対象に応じて使い分けます。例えば、サーボ機構などの位置決め制御は、1入力1出力系なので、古典制御理論が理にかなっています。ただし、サーボ機構でも振動が大きな問題となるような系では現代制御が有効的です。

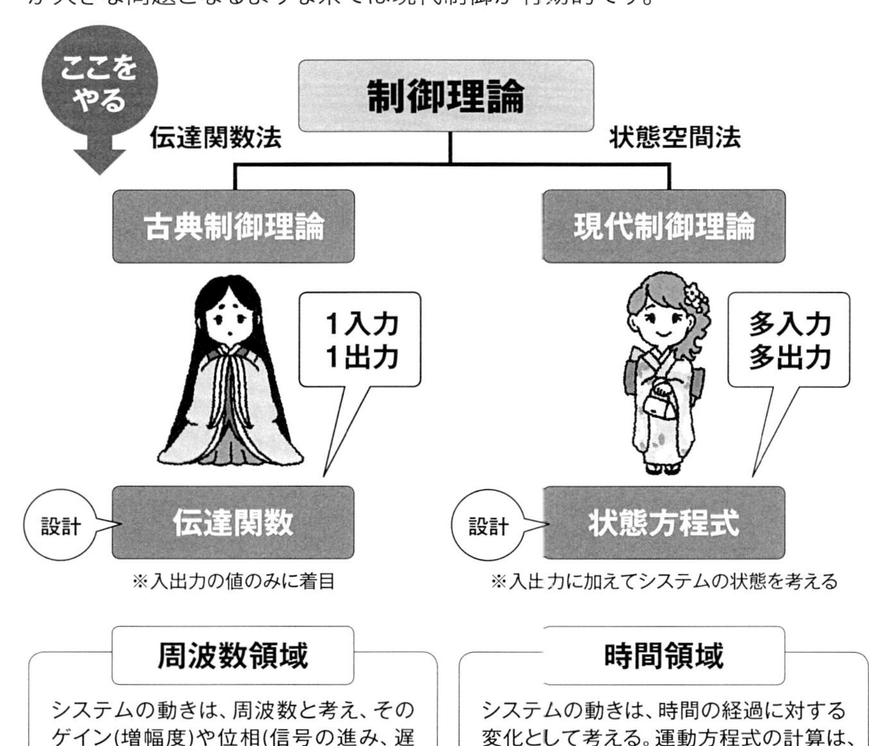

周波数領域

システムの動きは、周波数と考え、そのゲイン(増幅度)や位相(信号の進み、遅れ)を評価する。運動方程式の計算は、ラプラス変換して、伝達関数（代数方程式:四則演算）で求める。

時間領域

システムの動きは、時間の経過に対する変化として考える。運動方程式の計算は、微分方程式をそのまま扱う。誤差の合計がどれほど小さくなるかなど細かに評価する。

4 古典制御の分類

古典制御を分類すると、「シーケンス制御」と「フィードバック制御」の2つに大別されます。その違いを設計の観点から一言でまとめると、シーケンス制御は、シンプルな制御方式に、カムやリンクなどのメカニズム（カラクリ）を工夫して目的を達成する方法です。逆に、メカニズムをシンプルにして、制御で工夫するという考えがフィードバック制御です。制御では、動作の目的によって、向き不向きがあるので、それぞれの機械と制御のバランスをおさえ、どちらを採用すべきかの判断を持つことが重要です。

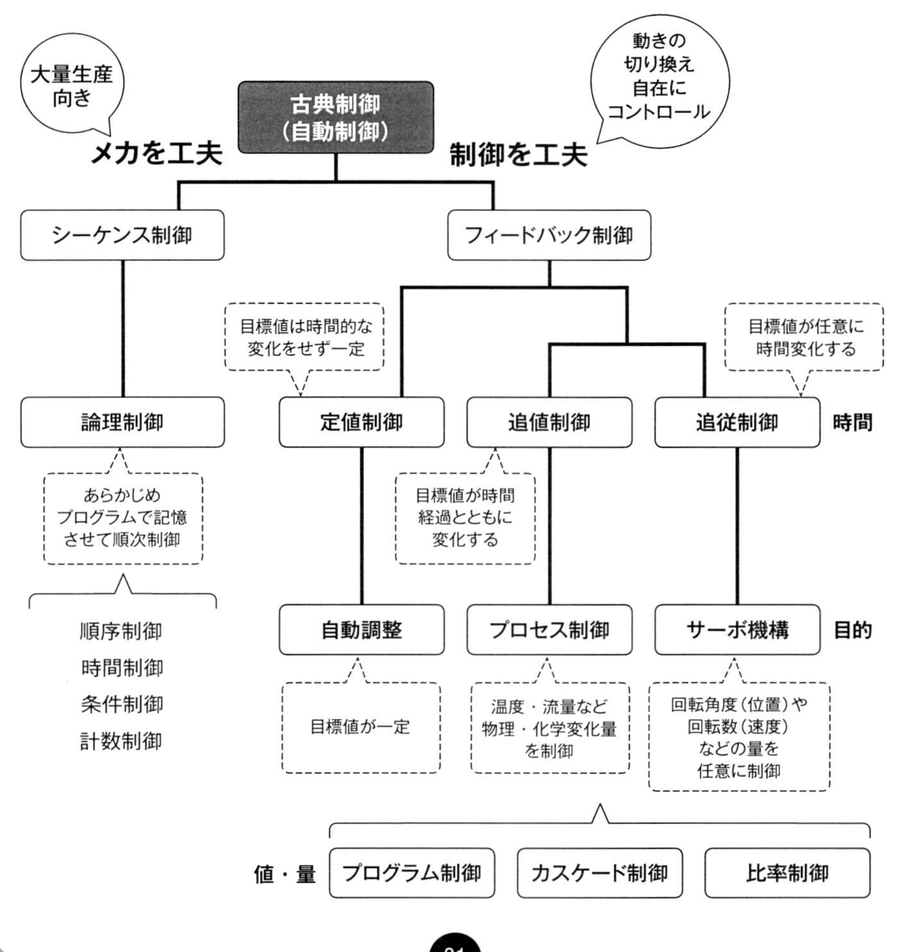

5 「定性的制御」と「定量的制御」

古典制御は、「定性的」と「定量的」という見方から分類されることがあります。イメージで言えば、「水を目盛りの位置から少し入れる」というのが定性的、「水は目盛りの位置より0.5リットル入れる」というのが定量的です。定性的制御では、制御量（水）の状態のみに着目して、量的な値を問題にしません。これに対して、定量的制御では、制御量（水）の状態と量的な（値）の2つを問題としています。定性的制御は、「オン」と「オフ」の2値を用いた「オンオフ制御方式」があります。電圧がある値以上になればオン、それ以下ならばオフと設定し、条件の合致によって制御する方式です。この代表が「シーケンス制御」です。一方、定量的制御には、制御量の状態と、制御量の変化に応じて0～100%の間を連続的に値を変化させる「比例制御方式」があります。この代表が「フィードバック制御」です。

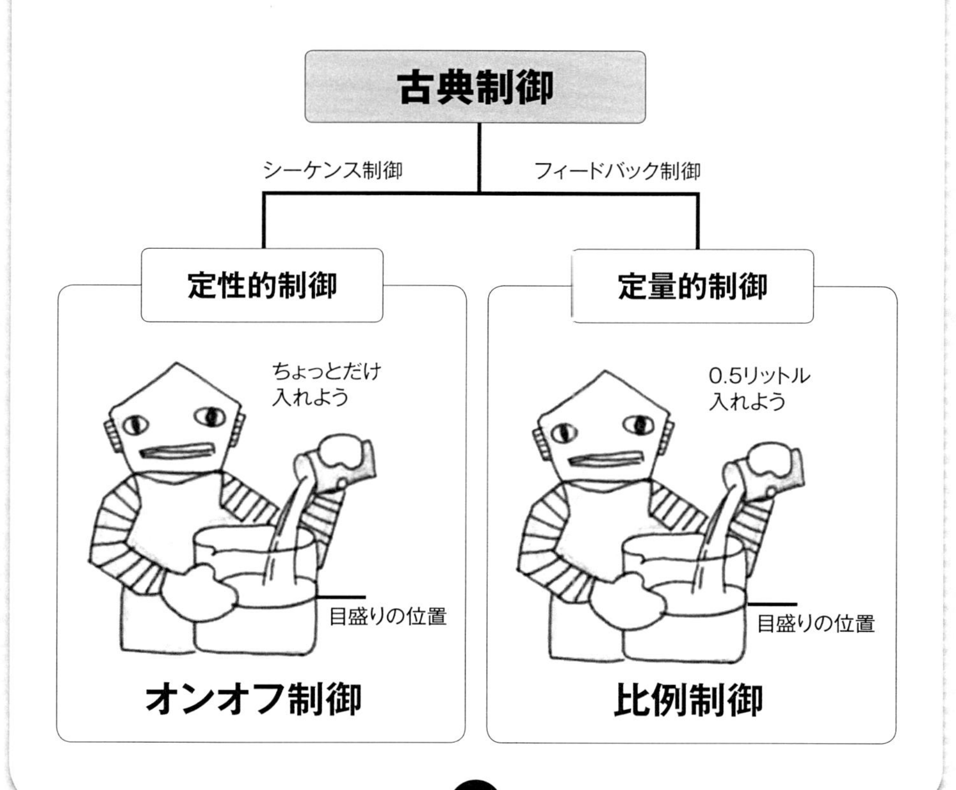

6 「開ループ制御」と「閉ループ制御」

制御工学では、各工程の順番や伝えていく方向を表す矢印を「信号」と言います。シーケンス制御では、下図のように、信号が前方（forward:フォワード）へ伝達（feed:フィード/与える）しており、ループ（輪の形）をしていないことから、開ループ（オープンループ）制御と呼ばれています。

一方、フィードバック制御では、信号が後方（back:バック）に伝達（feed）しループが閉じているので、閉ループ（クローズドループ）制御と呼びます。

古典制御では、1章で説明した「1入力1出力系」を扱います。これは、1つの命令（1入力信号）に対して、1つの応答（1出力信号）ということで、図のように、どこの場所でも1入力1出力の状態で構成されています。ちなみに、多くの入力（信号）に対して、多くの出力（信号）を扱うのが現代制御です。

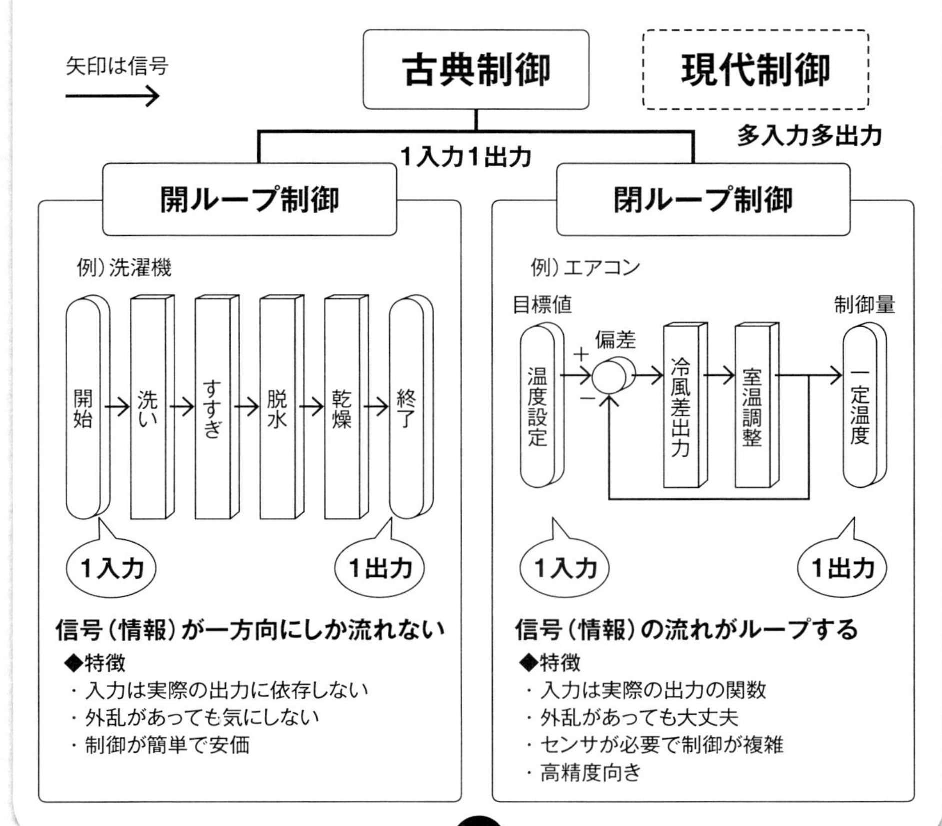

7 「シーケンス制御」と「フィードバック制御」

シーケンス制御は、ある一定の動きをあらかじめ決められた手順に従って順番通りに1つずつ処理します。スイッチの切り替えで順次操作させるだけなので、単純な作業を繰り返しながら、高速で処理する制御を得意としています。シーケンス制御は、リレーやスイッチなどの電子部品の開閉を使って制御しますが、これが一式パッケージになったものがPLC（プログラマブルロジックコントローラ：通称シーケンサ）です。入力のON（OFF）の動作時間をタイミングチャートに作成して、それに従って、機械の作動・停止を制御します。一方、フィードバック制御は、エアコンを例にとると、システム内の温度センサなどによって室温を計測しながら、風の量（制御量）と設定温度（目標値）とを一致させるように動作します。常に目標値とのズレ（偏差）を見ながら動作するのが特徴で、外乱に対応できるように制御します。

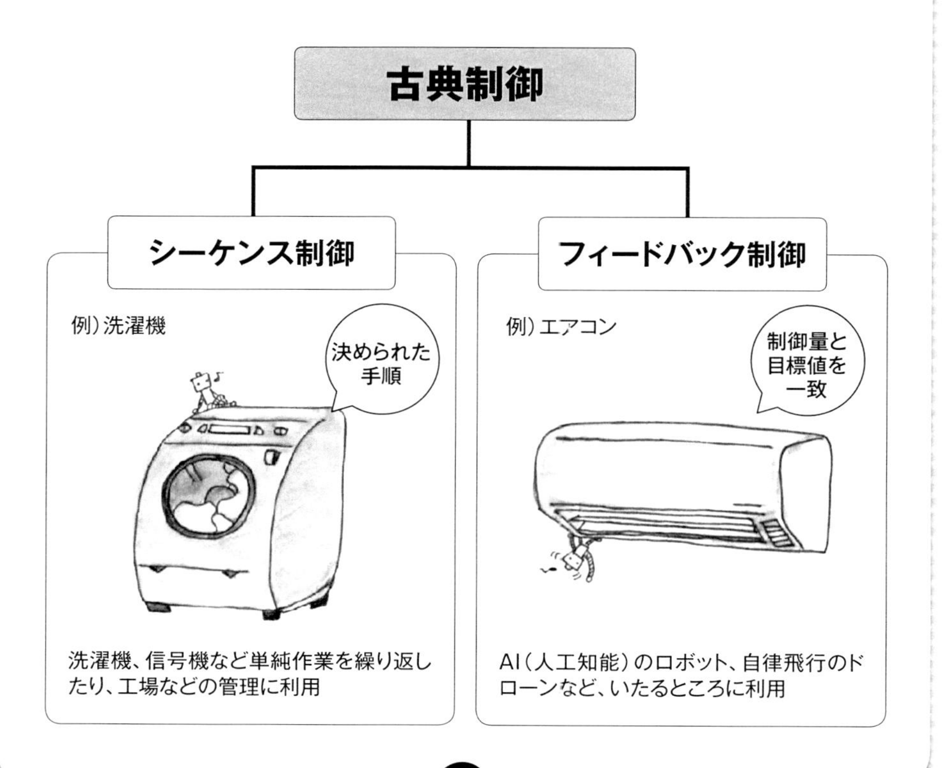

「シーケンス制御」順序制御、条件制御、時間制御、計数制御

シーケンス制御は、「少し」とか「多く」というような定性的なものを定量的な表現へ「ルール化」します。その考え方の基本が、「IF、THEN、ELSE」の条件制御です。
もしも（IF/イフ）、○○ならば、それから（THEN/ゼン）●を実行しなさい。
もしも（IF/イフ）、○○でなければ（ELSE/エルス）◎を実行しなさい。
これをうまく組み合わせれば、巧妙な動作でも、実現可能です。

実際には、機械システムに、上記のようなルールとその順序を記憶させておき、一連の動作をフィードバックなしに自動的に行わせます。その代表的なシステムが信号機やエレベータです。シーケンス制御は具体的に、以下の4つの制御方式を組み合わせて実行しています。

①順序制御……スイッチの押された順番に動作させる
②時間制御……時間制限の中で決められた動作をさせる
③条件制御……決められた条件を満足してるかを判断し、満足していれば動作させる
④計数制御……回数を数えて動作させる

シーケンス制御はたった4つの組み合わせ

① 条件制御…リレーを使う
② 順序制御…スイッチを使う
③ 時間制御…タイマーを使う
④ 計数制御…カウンターを使う

考え方の基本
IF：　もしも、体内のセンサで障害物を発見したら、
THEN：　しっぽを15度、20回動かして旋回しなさい。
ELSE：　障害物を発見しなければ、そのまま直進しなさい。

9 「シーケンス制御」
ラダー制御

シーケンス制御は、決められた一連の動きを忠実に守ってひたすら動きます。一度プログラムを書き込めば、ほとんど変更することなく制御できます。頭脳にあたるPLCは、耐環境性に強く作られているため、生産工場などで非常によく使われています。生産工場では、その生産特有の設備や動作をその場で持たせることもあるので、プログラムの書き換えが容易で、見た目でわかりやすい「ラダー図」を多く採用しています。ラダー図はプログラムなので、メーカーのルールに従って書き込み、実行・処理されます。シーケンス制御は、スイッチの塊と言われるほど、オン・オフ動作のスイッチ類を多く用いています。設計者は、周辺機器との信号タイミングの関係やふるまいを時間軸に表したタイミングチャートを作ります。

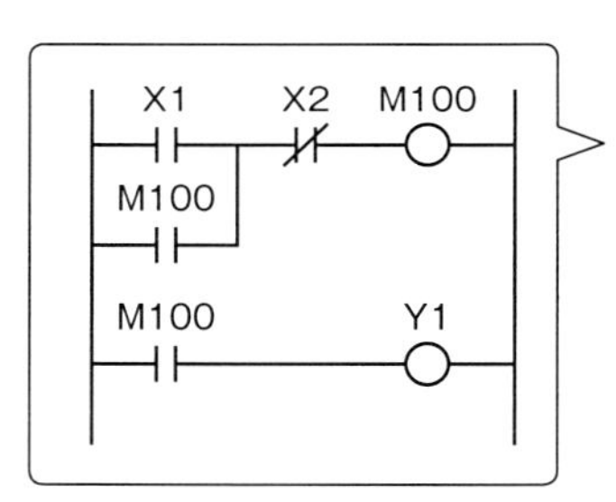

ラダー図（解説）

ラダー図は上から順に実行されていきます。左右両端の縦線を母線といって電圧が印加されています。この回路図は、点灯ボタン（X1）を押すと、消灯ボタン（X2）が押されるまでランプ（Y1）が点灯します。

入力部

司令用機器
- 押しボタンスイッチ
- カムスイッチ
- トグルスイッチ
- 足踏スイッチ
- スライドスイッチ
- ディジタルスイッチ

検出用機器
- リミットスイッチ
- 近接スイッチ
- 光電スイッチ
- 圧力スイッチ
- ロータリーエンコーダ
- ボタンスイッチ
- マイクロスイッチ

制御部

制御用機器
- リレー（有接点・無接点式）
- タイマ（モータ・電子・空気式）
- プログラマブルコンピュータ
- マイクロコンピュータ
- ミニコンピュータ
- 演算・制御／記憶

その他の補助機器
- 電源装置
- 端子・コネクタ
- 保護機器
- キーボード

出力部

操作用機器
- 電磁接触機
- 電磁開閉機
- 電磁弁
- ソレノイド
- 電磁クラッチ
- モータ

表示・警報用機器
- ブザー
- サイレン
- ベル
- 表示灯

制御システムの構成

10 「シーケンス制御」論理制御

シーケンス制御で重要なのが論理制御です。論理制御は、事象（イベント）に合わせて制御を行う方式です。「イベント」を平たく言えば、成立不成立、あるいは、オン（1）とオフ（0）の実行の元になる条件です。シーケンス制御の「条件」の設定は、AND、OR、NOT、の3種類の回路をベースに構築されています。ANDは論理積と呼ばれ、2つの接点が直列に接続された回路です。どちらの接点も閉回路にならなければ、動作しません。ORは論理和と呼ばれ、2つの接点が並列に接続された回路です。どれか一つの接点が閉回路になれば動作します。NOTは否定と呼ばれ、入力側の接点が閉状態の際に、出力が開となる回路です。

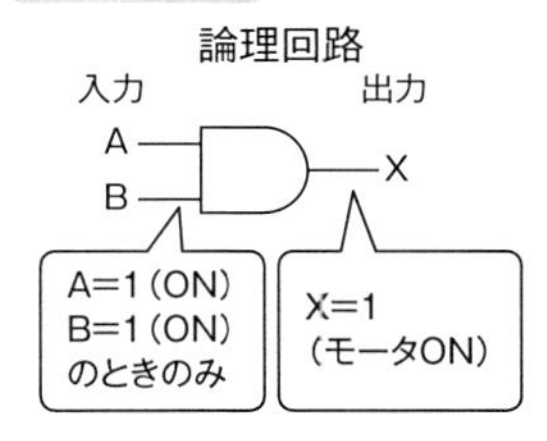

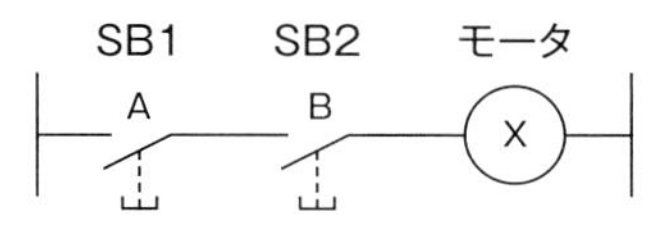

AとBの両方がONでモータ回転
(直列回路)

真理表

A	B	X
0	0	0
0	1	0
1	0	0
1	1	1

論理式

$X = A \cdot B$

OR回路

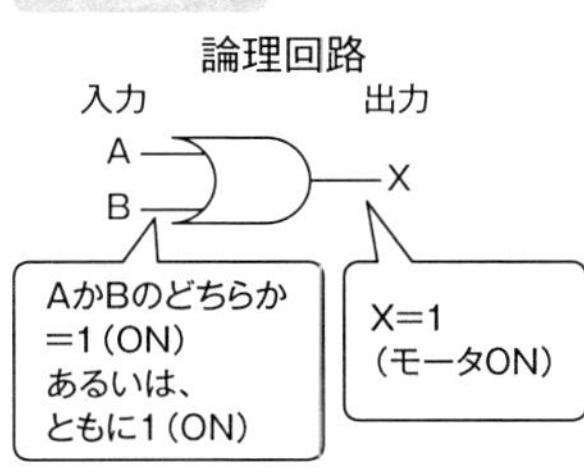

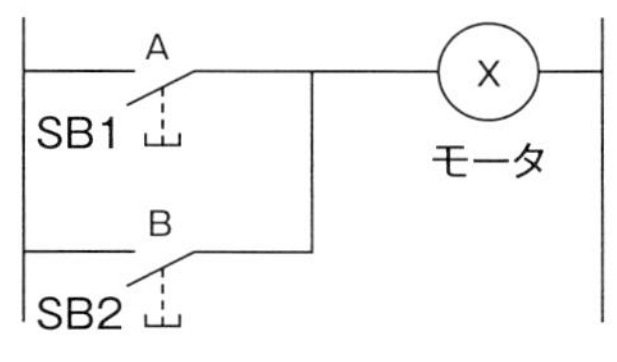

AかBのどちらか一方がONでモータ回転
(並列回路)

真理表

A	B	X
0	0	0
0	1	1
1	0	1
1	1	1

論理式

$X = A + B$

NOT回路

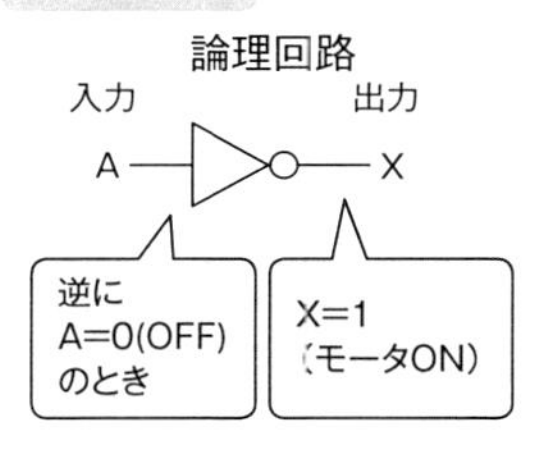

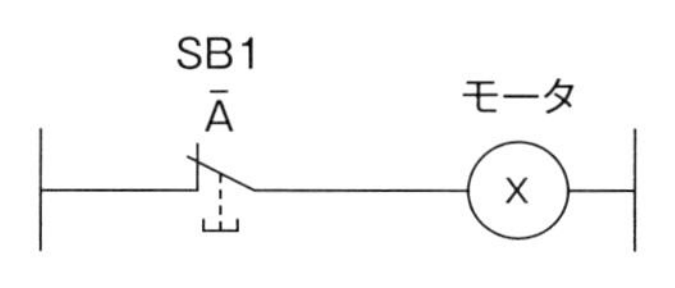

A接点がOFFのときモータ回転
(直列回路)

真理表

A	X
0	1
1	0

論理式

$X = \bar{A}$

11 「フィードバック制御」定値制御と追値制御

フィードバック制御は、目標値によって、次の２通りがあります。１つは、目標値が変わらない（目標値が動かない）場合で、たとえば、下図のように、手の上で傘を９０°に保とうという制御です。風が吹いたりなどの状態が変化しても、常に目標値（９０°）になるように制御します。これを「定値制御」または「安定系」と言います。もう１つは、目標値が変化し、これに一致するように制御する「追値制御」です。たとえば、ボールの動きに合わせて、ロボットの関節を動かすという場合です。このような追従系を、サーボ系、あるいはサーボ機構と呼んでいます。

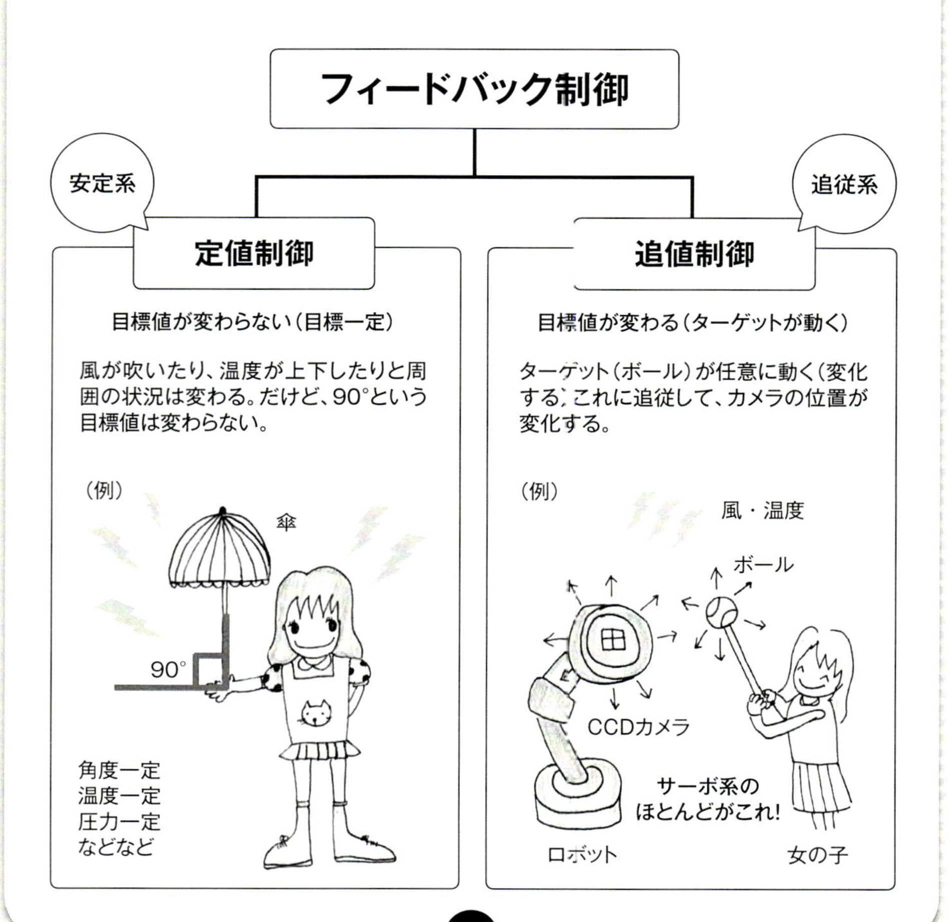

12 「フィードバック制御」サーボ機構・プロセス制御・自動調整

フィードバック制御では、制御対象の目標値が変化する「追値制御」と目標値が一定の「定値制御」に2分類されています。さらに、「制御量」がどのような物理量であるかによっても分類されています。

フィードバック制御

目標値が変わらない
・温度
・湿度
・電圧　・周波数

目標値が変わる
・位置　・変化
・速度　・加速度
・角度　・角加速度

追値制御〈目標値が変化〉

サーボ機構

これを制御

制御量　：　**位置、速度、角度、変位などの物理量**

特徴　：　目標の任意の変化に速応性よく追従して動くことが要求される。

応用例　：　人工衛星、ロボットの腕、工作機械

定値制御〈目標値が一定〉

プロセス制御

これを制御

制御量　：　**流量、液面、pH、湿度、温度などの化学反応する物理量**

特徴　：　温度や流量などプロセスの状態を表す変数が空間的に分布している（値が位置によって異なる）ものを指定された値（設定値）まで速やかに変化させることが要求される。

応用例　：　石油,化学,鉄鋼,食品などに代表されるプロセス産業の製造工程

自動調整

これを制御

制御量　：　**電圧、圧力、周波数など機器運転に関する物理量**

特徴　：　外乱が入っても常に目標値に保つよう自動調整することが要求される。

応用例　：　発電機の自動電圧調整器、水車の調速機

13 シーケンス制御とフィードバック制御の考え方の違い

水をボトルに一定量を入れるという「自動供給」という観点から、シーケンス制御、フィードバック制御のポイントについて解説します。

液体の定量供給には、「容積供給」と「時間供給」と2つの考え方があります。前者は、液体を押し出すタイプ、後者は、液量を時間の設定で供給するタイプです。例えば、下図は、エジプトの寺院に置かれた世界で最も古いと言われている聖水自動販売機です。機械の入り口からコインを投入すると、硬貨の重みで内部の受け皿が傾き（てこの原理）、それが元に戻るまでの間、蛇口から水が出る「時間供給」という仕組みです。

ここで注目されるべきは、自動化にしたというメリットです。自動化システムを考えたことによって、貴重な水（聖水）をいつ、だれが使っても「同じ分量」を「安定して」「平等に」提供でき、これまで水配りに要していた時間を「全く別の時間に使える」ようになりました。時を超えて、「シーケンス制御」でも「フィードバック制御」でも、同じ理由で同じように利用されています。

世界で最も古い自動化システム

① 機械の投入口にコインを入れる
② 投入口の真下にある受け皿にコインが落ちる
③ 受け皿とつながっている蛇口の弁が、テコの原理で開く
④ コインが受け皿から下に落ちるまで水が出続ける

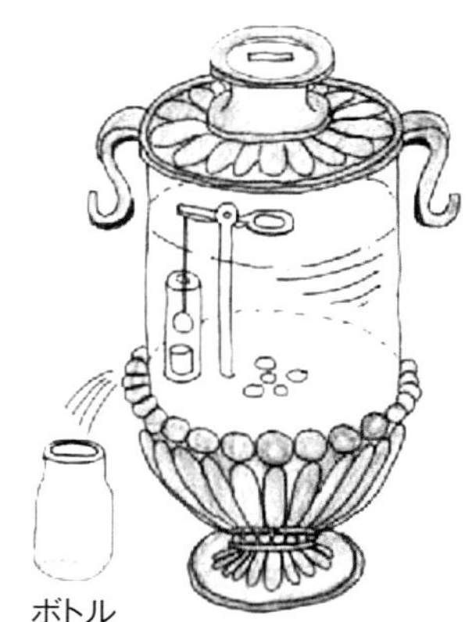

カラクリの基本：てこの原理

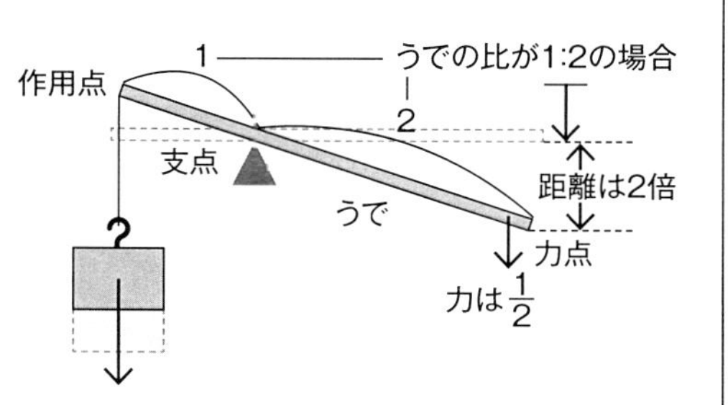

シーケンス制御（同期・高速に強い）

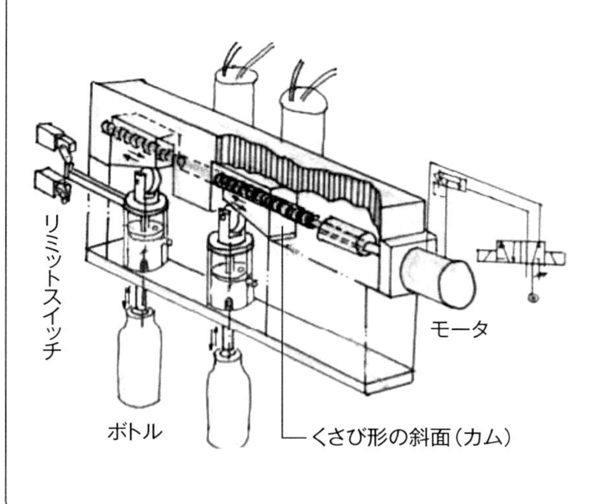

　これは、シーケンス制御における液体供給の一例です。右ねじと左ねじのあるシャフトを空気圧モータで回転させ、くさび形の傾斜面（またはカム）をなぞり、ローラを持ったロッドを直進させます。

　すると、シリンダーが一定速度で押されて、液体がボトルに一定量注入されるという仕組みです。制御は、スイッチによる開始信号によって、アクチュエータを動作させ、停止信号で動作が停止するというだけです。ボトルを高速に搬送させれば大量生産が可能です。

※サーボ機構では、かえって精度が低下し、動作速度も遅くなってしまう場合、正確さとスピードを補償したい場合に利用

フィードバック制御（変種切換えに強い）

　シーケンス制御では、粘性の変化や液体の抵抗が変動すると高精度な充填が望めないという欠点があります。またノズルの先端とボトル内の液面が離れすぎると泡立ちが発生し、ノズルを引き上げるときの速度を制御しなくてはならない場合に対応できません。

　フィードバック制御では、サーボモータを用いて液面との距離を見ながら（結果を返しながら）「高精度」に「適切な量」を注入することができます。

ロータリーエンコーダ
コントローラ（CPU）
サーボモータ
サーボアンプ
ラック&ピニオン
ボトル

POINT

ボトルの形状が変わっても、プログラムを変更すれば、メカを変えずに「高精度」で対応可能。

※なめらかに、速く追従したい場合、精度を求める場合に利用

14 「機械式制御」

機械式制御は、電気やコンピュータがなかった時代から今でも利用されています。機械式制御を平たく言えば、「からくり（仕組み、仕掛け）」です。からくり設計では、機械要素・機械運動などの知識をはじめ、斬新なアイデアも必要です。動きの動作を作る、主力のメカ部品は、「リンク」と「カム」です。この2つの要素を使えば、システムに固有の特性（運動曲線）を持たせることができます。これを「不均等変換」要素と言います。一方、すなおに力や速度を伝達する歯車、ベルト・プーリ、チェーン・スプロケットなどの伝達部品は、「均等変換」要素です。機械要素は、目的の仕組みごとに分類して使うと便利です。また、小さな力で大きなものを動かす「てこの原理」や「滑車の原理」、重力やゼンマイ、ワイヤなどを利用したテクニックは、からくりでは必須です。機械式制御に注目されるべき点は、シンプルな制御に、少ない動力を組み合わせて、ローコストな機械を創れることです。品質や作業性、生産向上など製造現場に山積する「ムリ、ムダ、ムラ」といった多くの問題を単純なからくりと創意工夫で、お金をかけずに解決することができます。

長所
高速回転
同期に強い
一軸上（狂いなし）
当面メンテナンスなし

短所
作り直し
メカが複雑になると
大きく、重くなる

◆目的の仕組み

往復させる仕組み…………ラック·ピニオン、送りねじ、ベルト
回転させる仕組み…………歯車、リンク、クランク、カム
揺動させる仕組み…………リンク、レバー、カム
均等に動かす仕組み………ゼネバ、リンク、カム、ラチェット
素早く動かす仕組み………リンク、カム、クランク
力を増減する仕組み………トグル、歯車、ウォーム
力を伝える仕組み…………カム、リンク、歯車、ベルト、チェーン
方向を変える仕組み………歯車、カム、リンク、　など

機械式制御の例

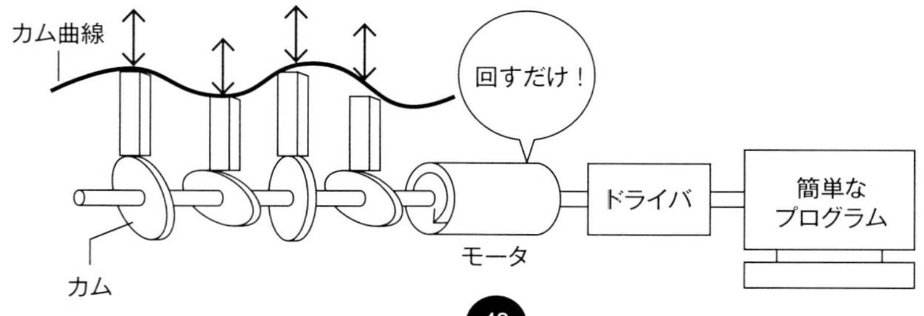

15「電子式制御」

電気式制御では、シンプルな機構に、コンピュータ、ソフト、センサなどを組み合わせて制御するのが一般的です。機械式制御では動作の変更や検証に、「メカの作り直し・交換」など多くの時間を要しますが、電気式では、ソフトウェアの処理内容を書き換えるだけで、すぐに調整できたり、まったく別の動作を作ることも可能です。電気式制御は、仕様の変更に柔軟に対応できるというのが大きな長所ですが、その名の通り、適切な電気を与えなければきちんと動くことができません。また、内部の仕組みがブラックボックス化していることも多く、故障したときに、どこが問題なのかわかりにくい面もあります。さらに、複雑なシステムを同時に数多く動かす場合は、同期遅れの問題も懸念されています。しかし、近年では、コンピュータの性能が上がって、複雑な計算も高速に対応できるようになってきています。人間のような（むしろそれ以上の）高度な推定を行い、意思決定ができるロボットや自律運転車など、生活のさまざまな機械・機器がこの技術を利用して誕生することでしょう。

電子式制御の例

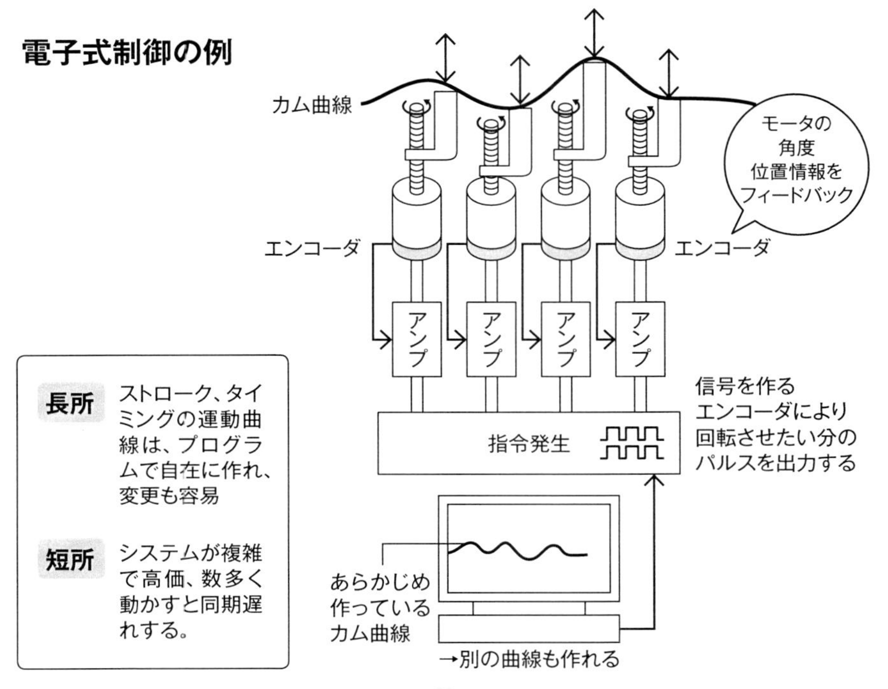

16 「フィードフォワード制御」

フィードバック制御（FB制御）は、修正→動作を繰り返しながら変化に対応できる制御方式です。例えば、歩行ロボットでは、地面がいびつな場合に、その地面の情報をセンサで検知しながら動きを修正できます。しかし、状態の結果を見た後に修正するため、制御を乱すような外乱が発生した場合に、動作が「後追い」となってしまうという欠点があります。外乱の対応に時間がかかる分、目標値に達するまでの時間（応答時間）が長くなることもあります。もし、その外乱がどのようなものか予想できれば、事前にその影響を抑えるような修正動作をさせて、応答時間を短くできます。これが、フィードフォワード制御（FF制御）の考え方です。フィードフォワード制御は、”どういう外乱”が入力されると、“どのような影響が現れるか”を前もって把握し、この影響を抑えるための適切な修正量がわかっている場合に利用されます。通常は、ＦＦ制御はFB制御を補足する形で使用されます。それぞれについて比較してみましょう。

	フィードバック制御	フィードフォワード制御
動作	検出器（センサ）の情報を元に動く	経験に基づく予測を元に動く
構造	閉ループ	開ループ
長所	状況変化に強い、外乱を知らなくても対応できる	素早い（目標に調整する時間がかからない）円滑な動き
短所	時間遅れがある（反応遅い） 性能は、計測器の性能以下となる	少しの状況変化で誤差が生じやすい 精度は劣る
要点	計測できなければ制御不可	こうなったら、こう動くという関係が必須
アクチュエータの例	サーボモータ	ステッピングモータ
比喩	ちょっとずつ、目と舌で計測（味見）しなが炒飯を作る	2人前だと塩胡椒の量はこれくらいとわかって炒飯を作る

17 その他の制御方式

制御方式は、制御理論で分類した「古典制御」と「現代制御」のほかに、目的別で、いろいろな制御方式があります。たとえば、モータ制御で分類すると「トルク制御」「速度制御」「位置制御」があります。電気信号で分類すると、「アナログ制御」と「ディジタル制御」があります。回転方向で分類すると、「可逆制御」と「非可逆制御」があります。主回路で分類すると、「PWM制御」、「リニア制御」、「位相制御」があります。これらは、制御工学で頻繁に登場する制御方式です。

モータ制御で分類

トルク制御

モータの電流をフィードバックして、電流に比例したトルクを制御する。電流アンプで、電流指令との偏差を誤差増幅する

速度制御

モータは負荷や電圧電源などが変化すると回転速度が変動する特性がある。主に速度一定になるように制御する方式

位置制御

制御対象を移動して目標値で停止させる制御方式。アナログとディジタルと両方がある。主にサーボモータ、ステッピングモータで使う

電気信号で分類

アナログ制御

オペアンプなどで構成するアナログ回路に、アナログ指令値を入力して、モータ回転のトルク、速度、位置などを制御する方式

ディジタル制御

マイコンや論理ICで構成するディジタル回路に、ディジタル指令を入力して制御する方式。制御は、プログラムで変更できる

回転方向で分類

可逆制御

コントローラにモータを配線したままで、モータの回転方向を正転、停止から逆転まで連続的に両方向に回転させる。

非可逆制御

コントローラにモータを配線したままで、モータの回転方向を片方向のみにしか回せないようにする。

主回路で分類

PWM制御

パルス幅（ON／OFF幅）を変更するパルス幅変調回路を使う。出力電圧を調整する制御方式で、効率がよく、パワーICの発熱も少ないため、ほとんどのモータ制御で採用

リニア制御

制御回路はアナログ電圧のコントローラを採用。パワーICの発熱が大きいので小型モータで使う。スイッチング制御がないのでノイズが発生しない利点がある

位相制御

DCモータは、直流電圧の位相角、ACモータは、交流電圧の位相角をON／OFF制御して回転速度に調整をかける制御方式

ビギニングTHEチャレンジれんしゅう

フィードバック制御系で正しいのはどれか。

a　パラメータによって、システムは発振する。
b　開ループである。
c　フィードバック系は、定性的制御である。
d　フィードフォワード制御系より外乱の影響を受けやすい。
e　制御するために出力を計測する必要がある。

フィードフォワード制御系で正しいのはどれか。

a　フィードバック制御系より制御対象の特性変化の影響を受けにくい。
b　フィードバック制御系より外乱の影響を受けにくい。
c　制御するためには出力の計測は必要である。
d　閉ループ制御系である。
e　時間遅れによる不安定性は生じない。

シーケンス制御系で正しいのはどれか。

a 接点を一瞬に開閉するが、機械的強度が弱い。
b あらかじめ定められた順序又は条件に従って、制御の各段階を逐次進めていく制御方法である。
c 外乱が予測できる場合に、あらかじめ外乱を想定して前もって必要な修正動作を行う制御方法である。
d 制御量を常に検出して制御に反映しているので、予測できないような外乱に強い制御方法である。
e “やや多い”、“やや少ない”などあいまい性に基づく制御方法である。

答え　　　

問題1 aとe　問題2 e　問題3 b

※問題3のcはフィードフォワード制御、dはフィードバック制御　eはファジィ制御である。

第3章

制御工学と言えば「フィードバック制御」

1 フィードバック制御に注目する理由

制御工学と言えば「フィードバック制御」と言われるほど、フィードバック制御の活躍には目を見張るものがあります。では、なぜフィードバック制御が注目されているのでしょう。その理由はズバリ「外乱」です。外乱は、それぞれの制御対象に応じていたるところで発生します。たとえば、小さな摩擦（外乱）や振動でも、システムの動作に大きな変化を与えてしまうことなど日常茶飯事です。通常、外乱が、いつ、どのくらいの大きさでシステムに入るのかわかりません。もしも、フィードバック制御を持っていない機械システムだとすると、外乱の影響を無視した状態で制御することになります。そうなると高精度な制御ができません。フィードバック制御は、外乱がシステムの中に入ったときに、システムの欠けている部分を補って、指令値通りに動かす唯一の方法です。この章からは、フィードバック制御について詳しく説明していきます。

定値制御

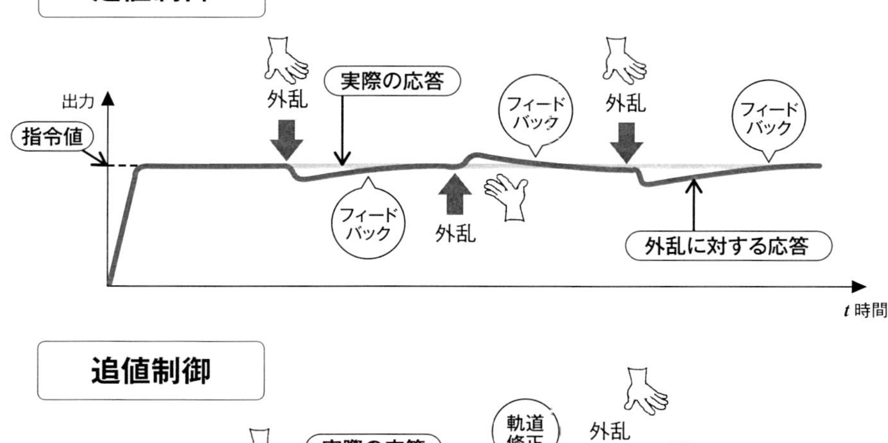

追値制御

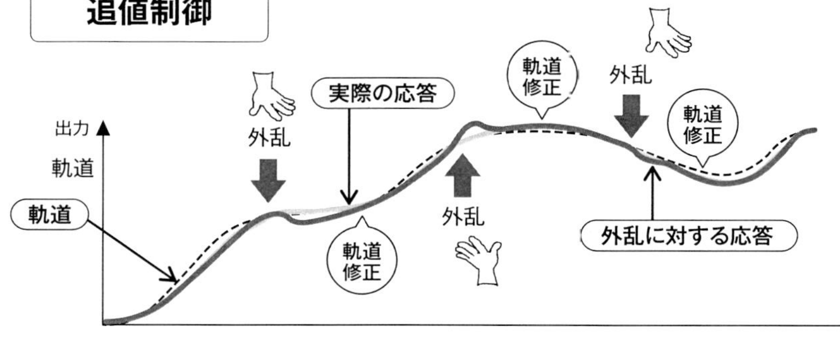

② フィードバック制御を制するための予備知識

フィードバック制御は、そのはじまりであるガバナ（遠心調整器）で説明されます。ガバナは、「回転数を一定に保つように制御する」ことが求められます。原理は単純で、下図のように回転数が上昇すると、ばねの力に打ち勝って遠心錘（おもり）が開いていきます。すると、てこの原理を利用して弁（操作部）の開度を小さくする方向にフィードバックがかかります。こうして、回転速度が一定に保たれる仕組みを「閉ループ」で構成します。ここで、ガバナの応答がもっとよくなるように調整したとしましょう。すると思いもよらない外乱（振動）が入り込んで、システムがガタガタと不安定な状態になります。フィードバック制御のように閉じた系では、外乱に対して、どれだけ安定させられるか（ガタガタをいち早くなくす）というのが課題なのです。つまり、

①安定を確保にするにはどうすればよいの？（安定性の補償という）
②システムに入ってしまう外乱を抑制するにはどうしたらよいの？
③外乱が入っても目標に素早く追従するにはどうしたらよいの？

といったことを解決すると、フィードバック制御を制したことになります。

それを得意としているのが、「PID制御」です。PID制御については後に説明します。

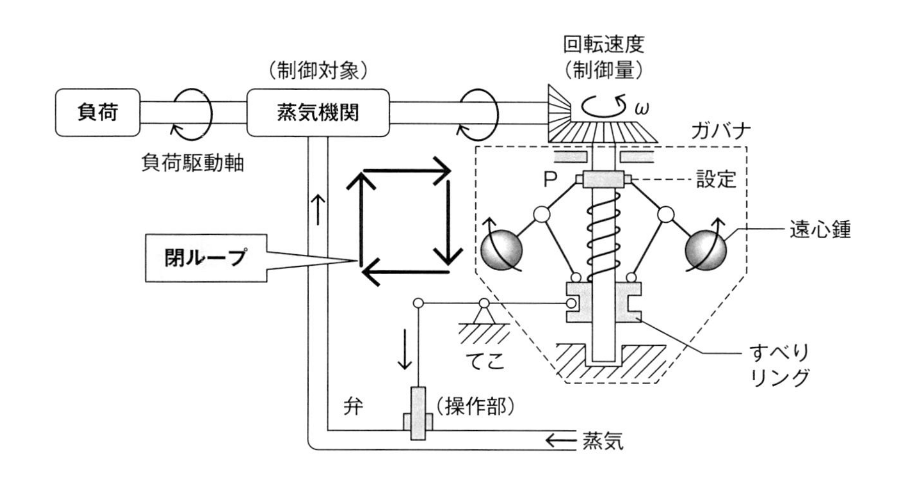

3 フィードバック制御には6つの「伝達要素」がある

フィードバック制御には、6つの基本的な伝達要素があります。それを箱（ブロック）にして図示したものをブロック図と言います。目的ごとに要素を分解し、それを全体としてまとめたものを「系」と呼びます。一例として、モータ駆動のフィードバック制御系を示します。モータの回転角度を制御するために、現在のモータの角度と目標角度が一致するように、センサで物理量を検出してフィードバックし、比較した値を調整部へ伝達します。このとき、調整部から操作部へは電圧信号で伝え操作部からは、モータの電流制御を行います。

モータ駆動のフィードバック系

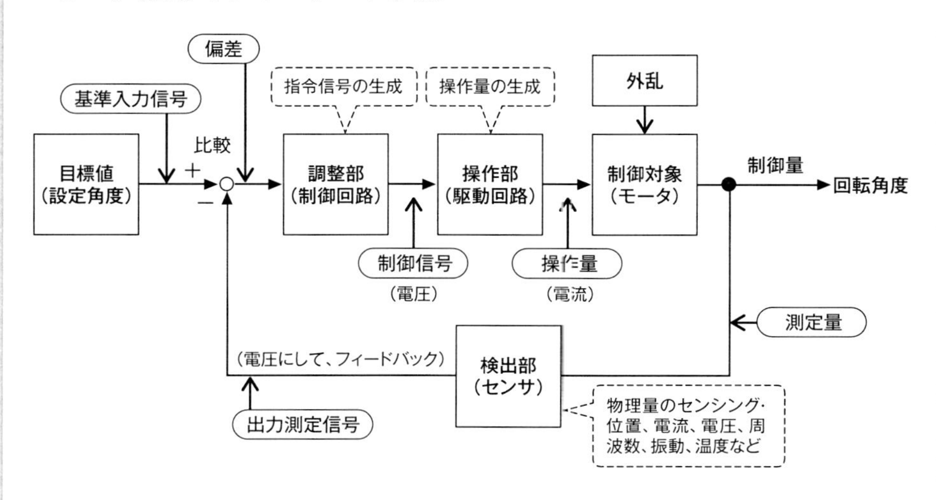

①目標値（設定部ともいう）
制御の目標となる値　（モータの設定角度）

②調整部（演算部またはコントローラともいう）
目標値と検出値の差を比較し、その差を小さくするように操作部へ信号を出す

③操作部
調整部の信号によって作動し、制御対象のパラメータ（角度）を操作する

④制御対象
制御される対象（モータ）

⑤検出部（センサ部ともいう）
モータの物理量を検出する計測器

⑥外乱
制御対象（モータ）に影響を与える外的要素（振動、温度など）

4 「ブロック線図」とは

ブロック線図は、直線と矢印、白丸（〇）、黒丸（●）、＋－の符号、四角の枠（ブロック）から構成されています。ブロックに入る矢印は、入力（input）を表し、ブロックから出る矢印は、出力（output）を表しています。機能や役割はブロックで表し、〇は信号の加算点です。通常、検出部の出力は、マイナス符号で加算点に入力されます。これを「負帰還（negative feedback）」と言います。ほとんどのシステムは、マイナスのフィードバック系です。一方、安定性などを確保するために、プラスのフィードバックを行うこともあります。これを「正帰還（Positive feedback）と言います。負帰還は、出力の状態をおさえる方向に、正帰還は、出力の状態を増長する方向にフィードバックがかかります。

フィードバック（FB）制御

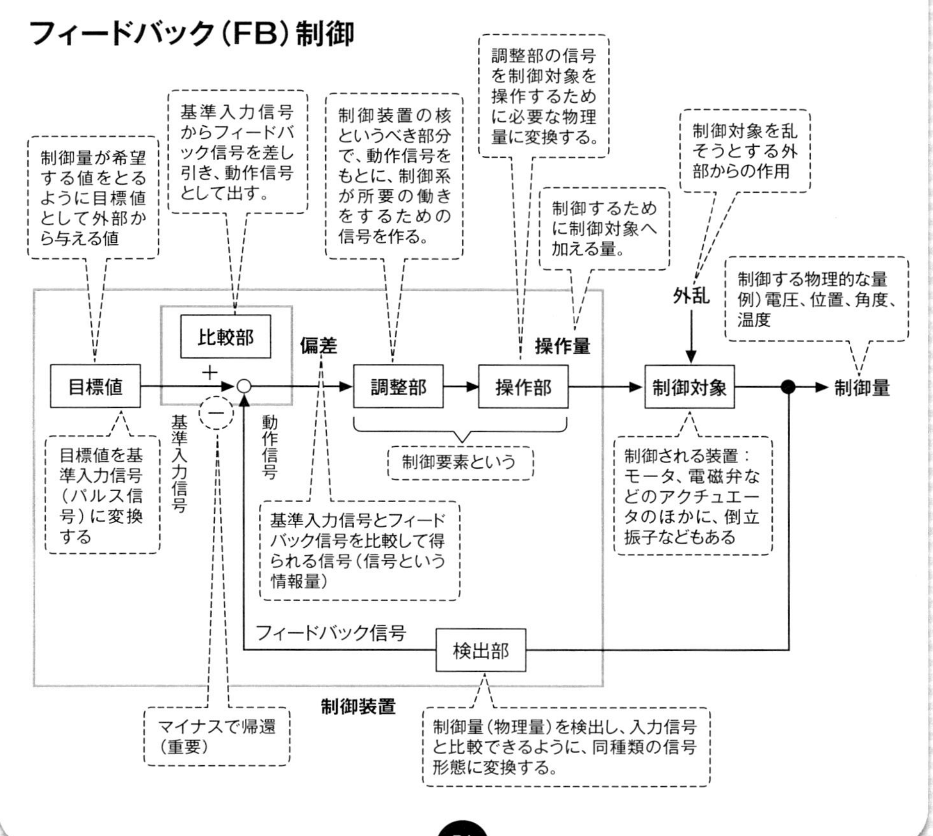

5 ブロック線図による制御方式の比較

ブロック線図で、古典制御のそれぞれの違いを比較してみましょう。シーケンス制御、フィードフォワード制御はオープンループで、帰還がありません。

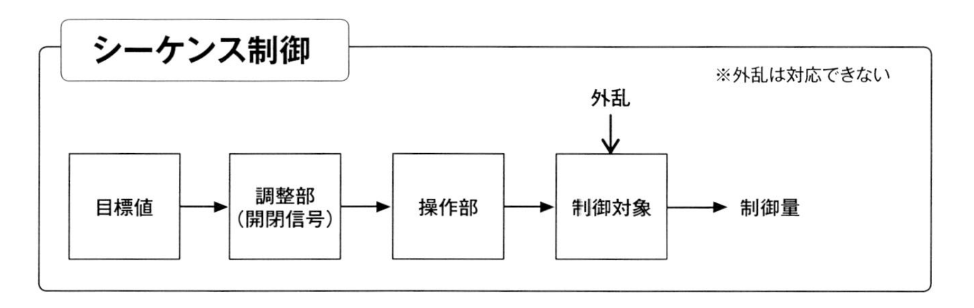

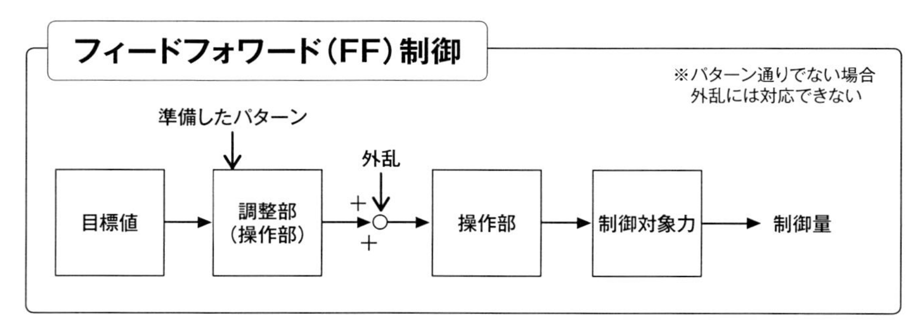

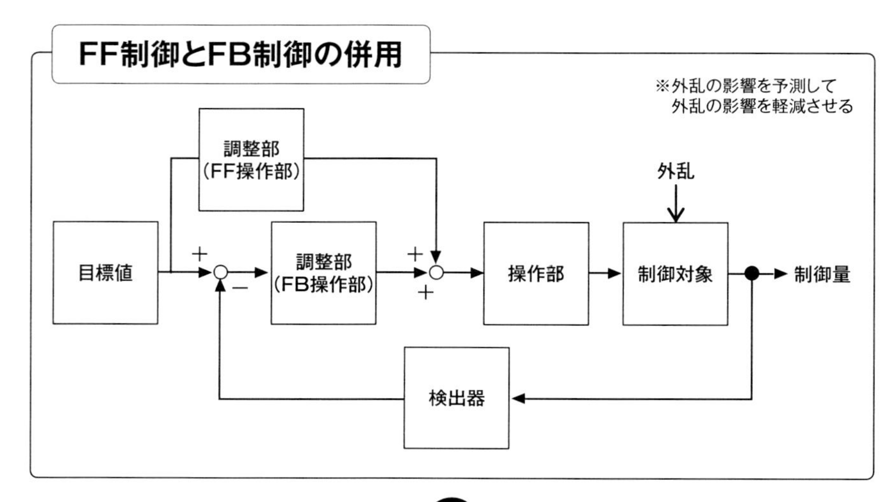

6 フィードバック制御で求めたい「理想の制御」

制御では、入力と出力の関係がとても重要になります。たとえば、下図のような動的システムは、電圧（入力）をモータ（制御対象）に入れたときの「出力」の状態は、時間とともに動き出し（応答し）、やがて目標の回転数に到達します。ここで、フィードバック制御の「理想の応答」があります。その応答とは、電圧を受けたと同時に①素早く回転し（立ち上がり）、②目標値（1500回転）付近では②振動せず滑らか（安定的）に到達して、最後に③ピタッと目標値で一致することです。しかし、システムはいろいろな要素が複雑に構成されているためこのような応答が、なかなか得られないのが現実です。

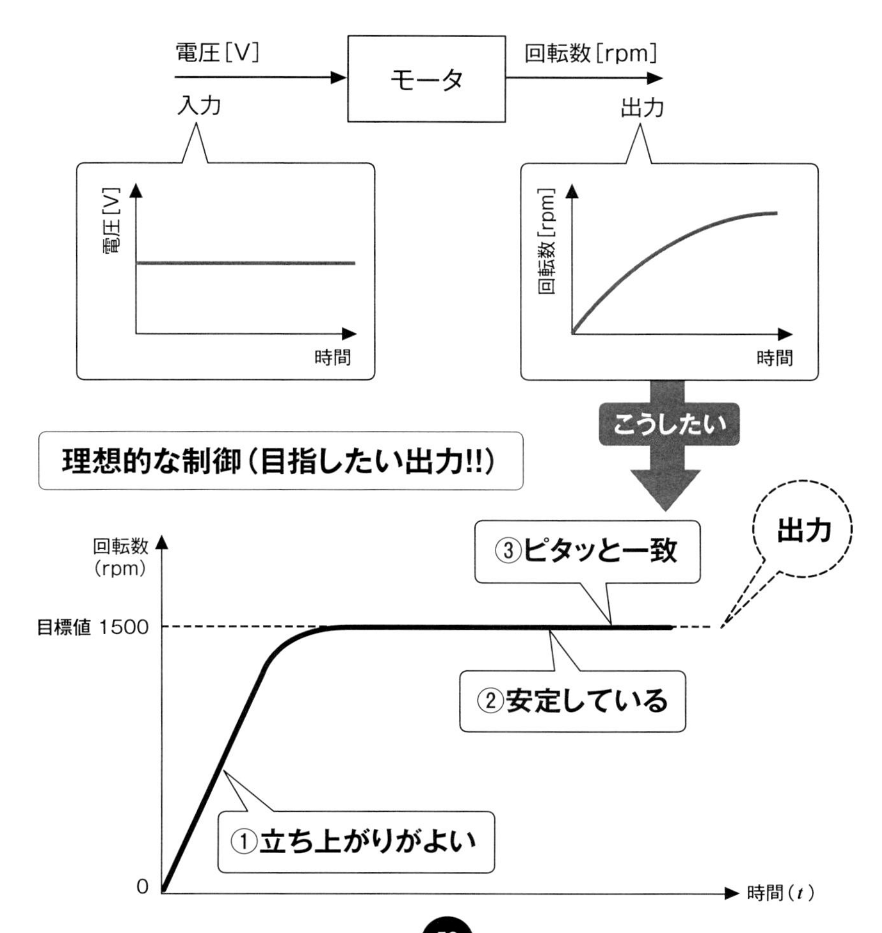

フィードバック制御の3つの特性 その1「速応性」

さて、理想の制御には、3つのポイントがありますが、逆に考えれば、3つのポイントが問題になるとも言えます。実際のシステムでは、入力電圧を与えて、メカが動くまでに多少の時間ががかります。つまり、必ず「時間遅れ」が生じます。この「遅れ」を「むだ時間」と言います。制御工学で問題となる特性の1つがこの「むだ時間」です。遅れが小さいことを「速応性(応答性)が良い」と言います。たとえば、下図のAのシステムでは、外乱を受けてもすぐに目標の位置まで戻りますが、Bのシステムではむだ時間が長く、目標値まで時間がかかるので速応性が悪いと言えます。

①速応性

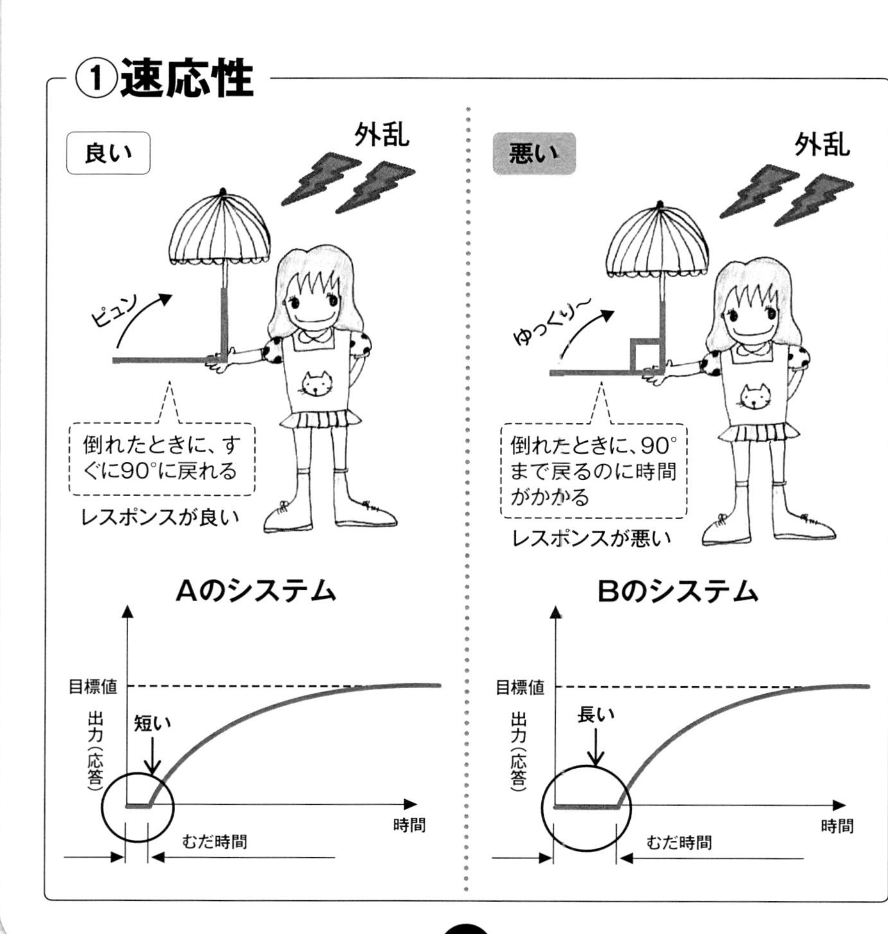

フィードバック制御の３つの特性 その２「定常偏差」

次に問題となるのが、応答が目標値にピッタリと一致できるのかということです。これを「定常偏差」と言います。例えば、Ａのシステムでは、時間が経つと目標値にピタッと一致するような応答ですが、Ｂのシステムでは、目標値とのズレ（「偏差」）が生じており、ズレたまま安定しています。これを「定常偏差」が残ると言います。また、ズレのことを「オフセット（残留偏差）」と呼びます。通常、オフセットがゼロになるのが望まれます。

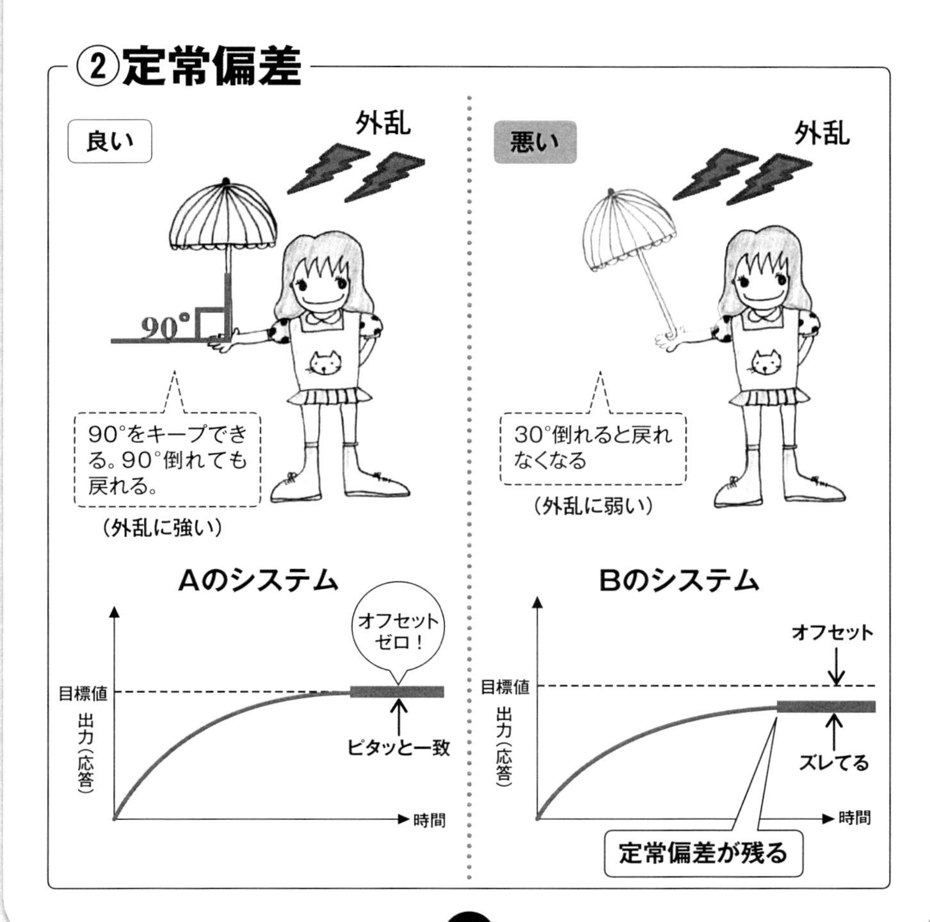

9 フィードバック制御の3つの特性 その3「安定性」

3つ目の課題は、最も重要な特性と言われる「安定性」です。そもそもシステムが不安定であれば、制御されているとは言えません。下図のAのシステムでは、外乱という振動が入ったとしても、やがて減衰して目標値で落ち着こうとしています。一方、Bのシステムでは、いつまでもガタガタと振動を繰り返したままです。ひどい場合は、90°を通りこして、たおれてしまうこともあります。前者のような状態を「ハンチング」後者を「発振」と呼びます。ハンチングには、「オーバーシュート」と「アンダーシュート」と呼ばれる要素が含まれています。次のページで詳しく説明します。

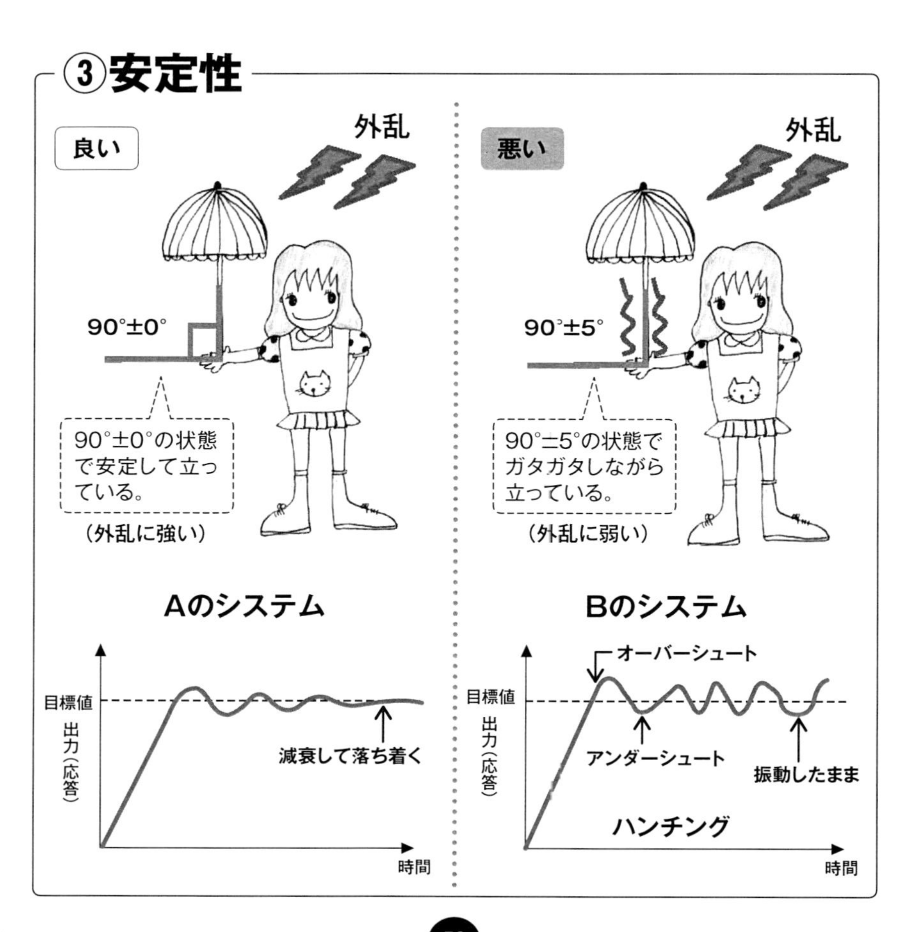

10 「オーバーシュート」と「アンダーシュート」

実際の機械システムは、スイッチを入れたり、切ったりすると、慣性モーメントや負荷トルクなどの大きさによって、入力と出力との間に時間遅れ生じて、応答が下図のように振動的になることがあります。目標値を超えた場合（上回る）を「オーバーシュート」、目標値に届かない場合（下回る）を「アンダーシュート」と言います。アンダーシュートは、モータを停止させるときの立ち下りなどでもよく発生します。停止時の減速度が大きくなると振動も大きくなり、騒音が出たりなど悪影響が表れます。これによって、本来の停止位置より、ズレた位置で停止することがあります。

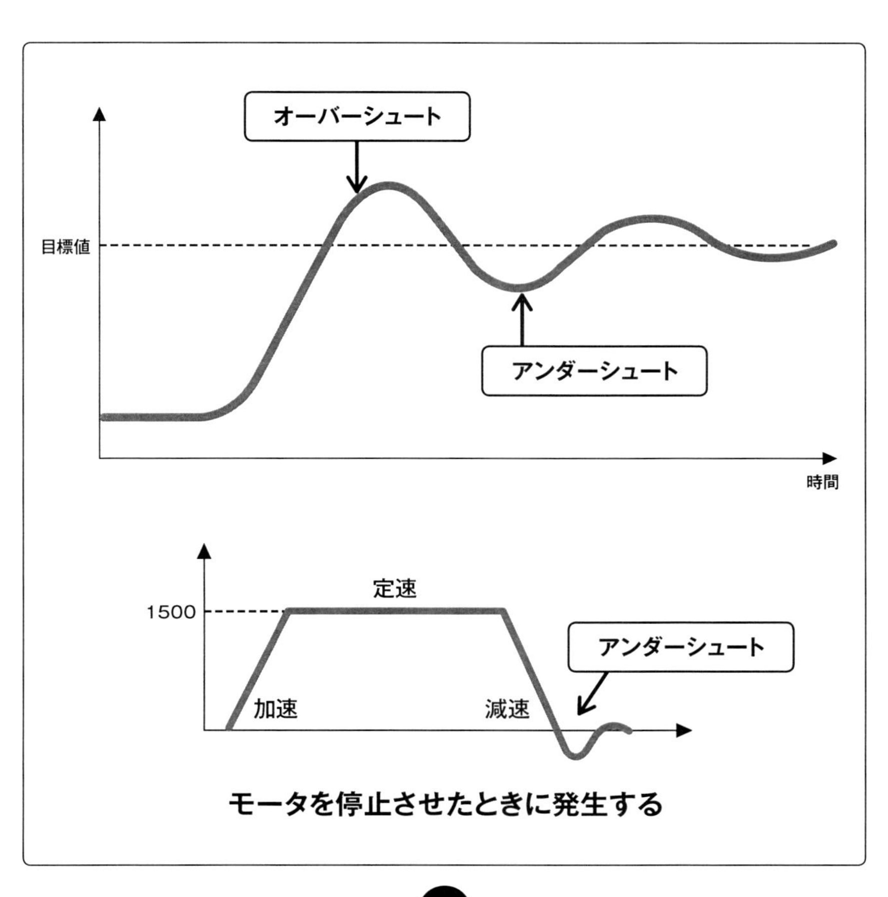

モータを停止させたときに発生する

11 フィードバック制御は3つの特性で評価する

制御工学では、出力されたきの応答がどのような形で表れたのかに注目し、「安定性」、「速応性」、「定常偏差」の3つの特性でその良し悪しを評価します。速応性は、応答の初期の部分で、目標値に対して、どれだけ素早く追うことができるかを表しています。安定性は、中期の部分で、外乱などで制御系が乱れたときに落ち着くことができるかの目安です。安定性と速応答は、「過渡特性」という動的な領域を評価します。そして、安定性と速応性は相反する関係なので、通常、なんらかの工夫が求められます。一方、末期の部分で、目標値でちゃんと落ち着くかどうか見るのが「定常特性」です。この領域は、時間的な変化が少ない静的な領域と言われています。定常偏差が「0(ゼロ)」もしくは、極力小さくなる設計が良しとされています。また、定常偏差は、目標値にどれだけ近いかを表しているかの指標であるため、「精度」とも言います。サーボ制御系では、目標の変化に対する追従性が重要となるため、時間の変化に大きく関係する「過渡特性」が問題となります。

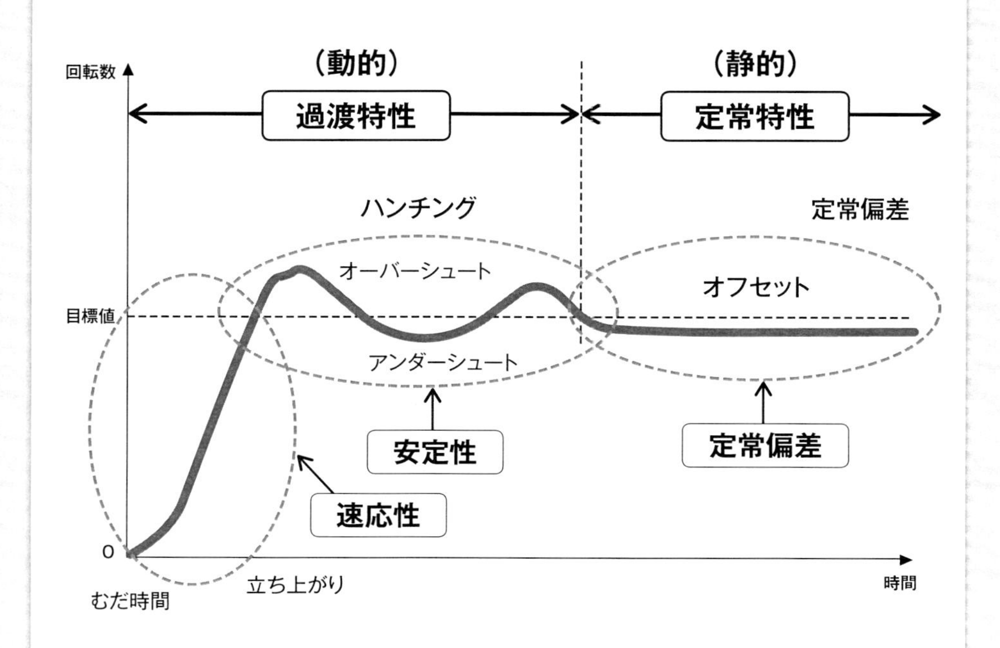

安定性

安定性とは、振動やふらつきなどに対する安定度です。いかに振動せずに、安定して目標値で落ち着くかを判定します。主にステップ入力の「行き過ぎ量」と「減衰比」で評価します。（第4章を参考）

例

工作機械では、材料を加工したい形状に合わせて刃物の位置を変えるとき、目標値に対して、刃物の位置が不安定だったり、オーバーシュートしたりすると、加工物を削りすぎて不良品にしてしまいます。こうしたケースでは、安定性の評価がとても重要になります。

速応性

速応性とは、目標値が急に変化したときの追従度です。いかに速く目標値になるかを判定します。ステップ入力の「立上り時間」「むだ時間」、「行き過ぎ時間」「整定時間」などで評価します。（第4章を参考）

例

ひと昔前の産業用ロボットでは、ある地点で位置決めするとき、目標の位置にロボットの手先の先端が近づいたまま、その場でガタガタ振動して止まらないことがありました。振動が続くと安定性だけでなく、「速応性が悪い」という評価にもなります。

定常特性

定常特性とは、目標値と現在地の差の開き度です。通常、ゼロになることが望ましいです。一定速度で動いているときの目標値と制御量の差（偏差）は「ドループ」と言います。ステップ入力の「定常偏差」「オフセット」などで評価します。（第4章を参考）

例

工作機械やロボットなどの位置決めで、移動した後の目標値と現在値に誤差があると、「位置決め精度が悪い」ことになります。高精度が要求されるシステムでは定常特性の評価が重要になります。

ビギニングTHEチャレンジれんしゅう

①から⑥までの応答について、「安定性」「速応性」「定常特性」について評価してみよう。

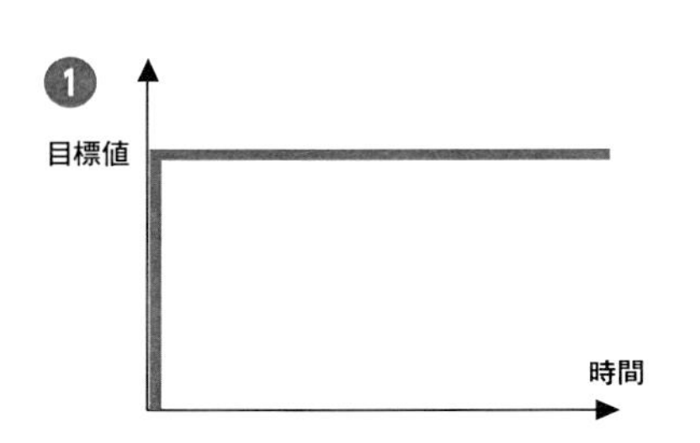

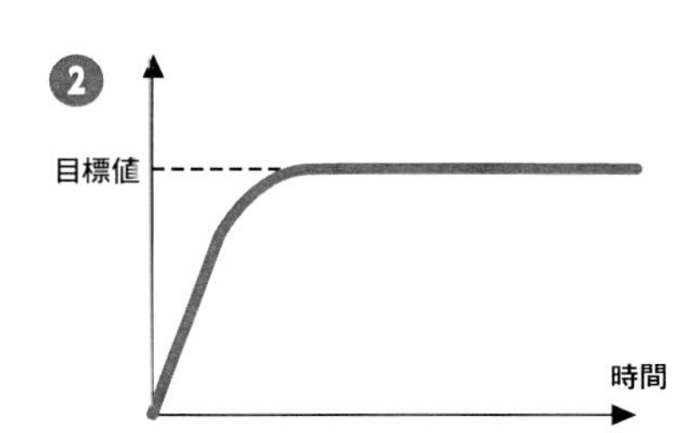

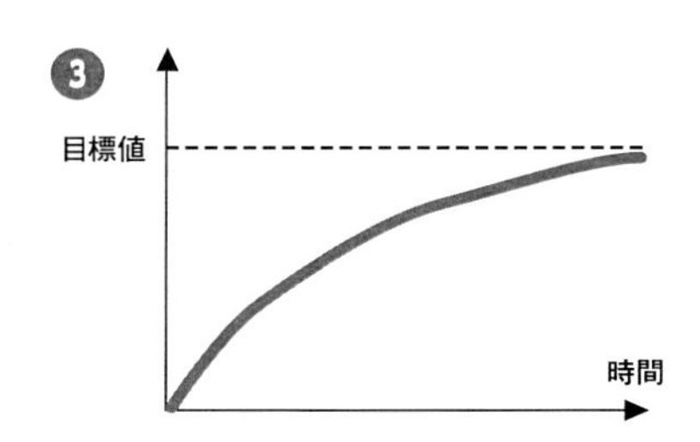

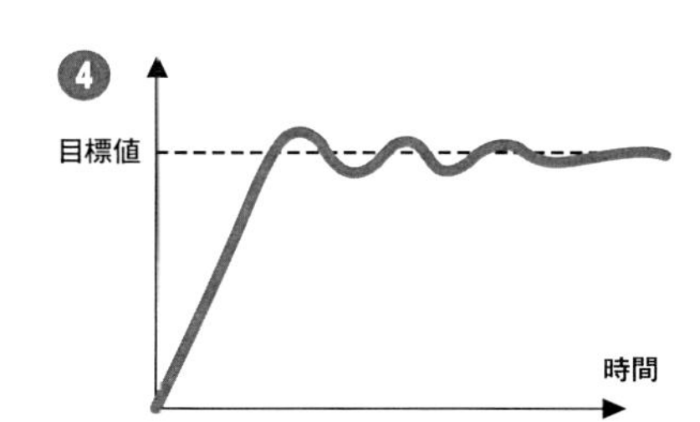

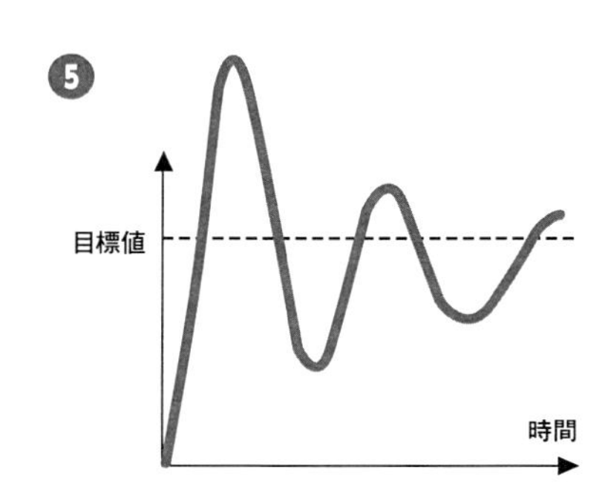

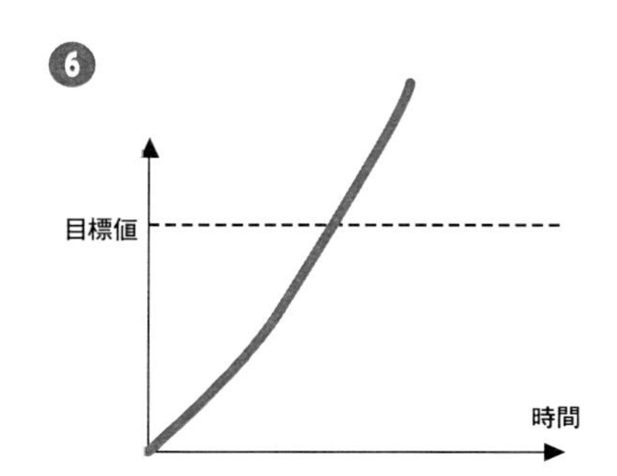

答え

- ❶ 理想であるが実際にありえない。
- ❷ 安定性、速応性、定常特性ともに良い。適切な応答
- ❸ 定常特性と安定性はある。速応性は悪い。
- ❹ 過渡特性はあるが、定常特性が見られる。
- ❺ 速応性はよい。安定性、定常特性は悪い。
- ❻ 発振状態

「フィードバック制御」と言えば「PID制御」

1 フィードバック制御と言えば「PID制御」

フィードバック制御で最も理想とする出力は、目標値に向かって素早く反応し、オーバーシュートもハンチングもなくソフトランディングする応答です。それを達成する方法として古くからよく使われているのが「PID制御」です。PID制御は、P（比例）動作、I（積分）動作、D（微分）動作という3つのパラメータを使って、「安定性」、「速応性」、「定常特性」のバランスをとる方法です。人が手動で機械を調整するとき、「現在の動きはどうか」、「過去の動きはどうだったか」、「未来はどうなりそうか」と、それぞれの情報にどれくらいのウエートをおくべきかと考えながら直感的に調整しています。これと同じ機能を自動で実行しているのがPID制御です。

<table>
<tr><th colspan="2">手動制御</th><th colspan="2">PID制御</th></tr>
<tr><td colspan="2">手動調整
（マニュアルチューニング）</td><td colspan="2">P：Proportional
I：Integral
D：Differentia
自動調整
（オートチューニング）</td></tr>
<tr><td rowspan="2">現在の動きは
どうか?</td><td rowspan="2">現在</td><td rowspan="2">P動作
比例</td><td>「偏差」の増減に応じた修正量を出す</td></tr>
<tr><td>少ないければプラス、多ければマイナスに量を調整</td></tr>
<tr><td rowspan="2">過去の動きは
どうだった?</td><td rowspan="2">過去</td><td rowspan="2">I動作
積分</td><td>過去の「偏差」の累積値に応じた修正量を出す</td></tr>
<tr><td>目標値にピッタリ一致するまで量を調整し続ける</td></tr>
<tr><td rowspan="2">将来の動きは
どうなりそう?</td><td rowspan="2">未来</td><td rowspan="2">D動作
微分</td><td>目標値と現在値の「偏差」に応じた修正量を出す</td></tr>
<tr><td>変化率の大きさから将来の動きを予測して量を調整</td></tr>
</table>

2 「P動作」、「I動作」、「D動作」の役割

P動作、I動作、D動作は、下図のブロック線図のように、調整部（コントローラ）に配置されています。そして、センサからフィードバックされた「偏差e」に対して、それぞれ得意な働き方を持っています。基本的には、P動作は単独で使用できます。I動作とD動作はP動作と組み合わせて操作部へ情報を渡します。

P動作

P動作は、目標値に向かってスタートダッシュします。そして、現状値と目標値との差（偏差）が縮まるとスピードを小さくし、逆に、差が大きくなるとスピードを大きくなるように比例的に制御します。P動作には、「オフセット」があるという短所があります。

I 動作

I動作は、P動作で蓄積されたオフセットを除去してゼロにする機能を持っています。I動作を加えて制御することを「PI制御」と言います。P動作で大雑把に素早く目標値まで回転させ、I動作で微調整をするなど、モータの回転制御でよく使われます。

D動作

D動作は、オーバーシュートなどの振動をおさえる働きをします。例えば、モータ軸に急に大きな負荷が加えられたり、電源が不安定になって電圧が急に下がったりなど、大きい外乱が機械システムに入ってきた場合に、D動作が有効に機能します。

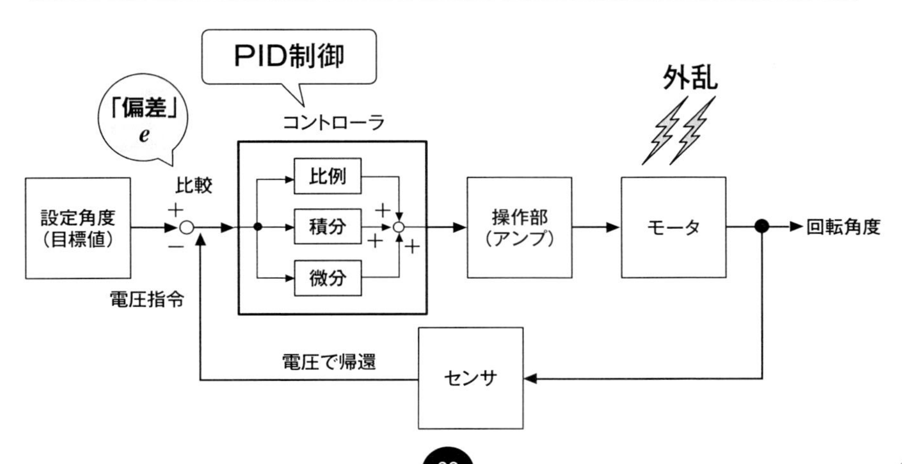

3 「PID制御」で最も重要なゲイン調整！

PID制御は、P、I、Dの3兄弟が持つ長所を組み合わせてシステムのバランスを考えます。それぞれの役割の重要度の強さ表すのに「ゲイン（感度）」という言葉が使われます。ゲインは大小で表現されます。

★ゲインが大きすぎる
　＝感度が良すぎる＝素早く反応する＝オーバーシュートする
★ゲインが小さすぎる
　＝感度が悪すぎる＝目標値に届かない＝アンダーシュートする

実は、PID制御で最も重要となる（課題となる）のが、「ゲイン」を決定することです。Pゲインは「K_p」、Iゲインは「K_i」、Dゲインは「K_d」とすると、フードバックされた「偏差」に対して、それぞれの能力を何倍の大きさにして操作部へ出力するかを決めるわけです。これを「チューニング」と言います。例えば、K_pが1という場合は、「偏差」（入力信号）がそのまま「1」の大きさで出力されます。ゲイン（感度）の調整では、3兄弟のバランスがとれていないとスムーズな動きができないといった問題に発展します。特に、K_p、K_i、K_dのうち、1つ、2つのゲイン調整では、トライアルで最適なゲイン値を捜し求められます。しかし、3兄弟が集結するとなるとバランスをとるのが一気に難しくなります。

4 「P制御」の勘所をおさえる

それでは、目標値1500(rpm)までの回転制御について考えてみます。回転数が 0rpm（現在値）のとき、目標とする1500rpm（目標値）までの偏差は、1500-0=1500です。次に、目標値までどんどん加速していき、現在値が1000rpmになると、偏差は、1500-1000=500となりました。P動作は、『目標値と離れているときは大きな力（電流）を与えてモータを速く回転させ、目標値に近づいてきたらゆっくりと調整する』といった機能を持っています。つまり、「偏差」に比例した分量を増減させて制御するのです。ここで、操作量（電流量）V、目標の回転速度N_d、現在のモータの回転速度をNとすると以下の式で表すことができます。K_pは、「比例ゲイン」と呼ばれる定数です。偏差「e」に応じてどの程度操作量を増やすかを決定します。

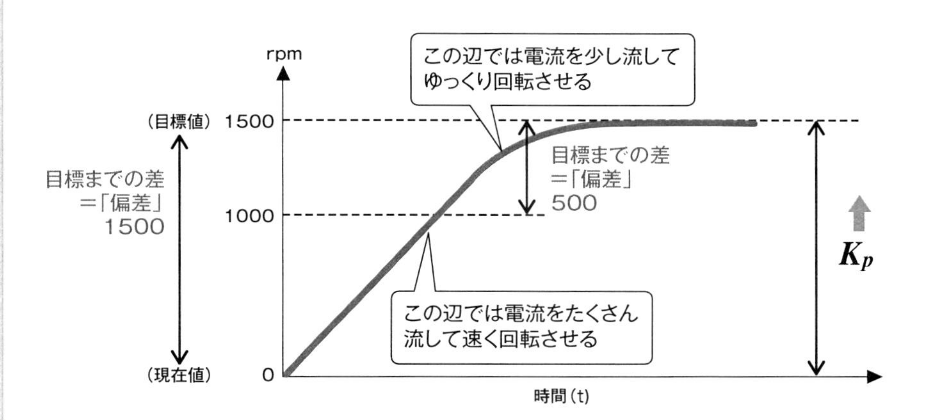

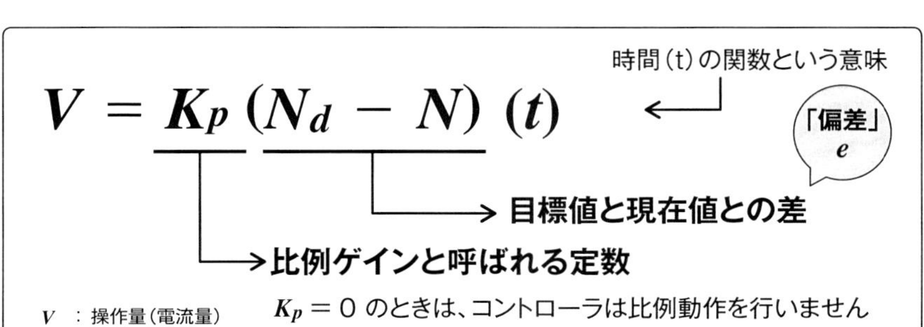

5 「Pゲイン」の特徴を理解しよう

さて、比例ゲイン「K_p」が変わると、どうなるかをイメージしましょう。

$$V = K_p(N_d - N)\ (t)$$

→まず、Pゲインを1とすると?

① 目標値1500 rpm、現在の回転数が0 rpmのとき

$$V = 1 \cdot (1500-0) \Rightarrow 1500$$

② 目標値1500 rpm、現在の回転数が1000 rpmになったとき

$$V = 1 \cdot (1500-1000) \Rightarrow 1000$$

$$V = K_p(N_d - N)\ (t)$$

→Pゲイン2にしたら?

③ 目標値1500 rpm、現在の回転数が0 rpmのとき

$$V = 2 \cdot (1500-0) \Rightarrow 3000$$（出力が大きくなった）

② 目標値1500 rpm、現在の回転数が1000 rpmになったとき

$$V = 2 \cdot (1500-1000) \Rightarrow 1000$$

（出力が大きくなった）

※比例ゲインは、大きいほど出力が大きくなる（速く回転する）!

Pゲインを大きくすれば、回転力が倍になる、つまり、目標値との偏差が小さくなり、到達する時間も短くなることがわかります。このように、早く追従させるかどうかは、比例ゲインｋｐの調整にかかっています。ただし、ゲインが大きすぎるとオーバーシュートやハンチングが起こりやすくなります。

6 「Pゲイン」とは「比例帯」のことである

目標値と現在値との「偏差」に比例して操作を行うのが比例制御です。では実際にどのように制御しているのでしょう。P制御では、0 rpmからモータを回転させるときには、100%の電流を出力して一気に回転させますが、目標値に近づくと、だんだん操作量を小さくして回転をおさえていきます。ここで、「比例帯」と「デューティー比」いう考え方が使われます。まず、デューティー比とは、電流をONして流したり、OFFして止めたりする時間のタイミングのことで、MAX電流を流すときは、100% ON、0% OFFと表現されます。一方の比例帯とは、100% ON（操作量100%で回転）の状態「以外」の領域で90%、80%、70%…と段階的に変化させる幅（領域）のことです。例えば、目標値1000 rpm 、比例帯±10%とすると900 rpm ～1100 rpmが比例帯となり、目標値1000 rpmのときはデューティー比が50% ON、50% OFFと設定されます。

ちなみにデューティー比を使って制御することを「PWM制御」と言います。

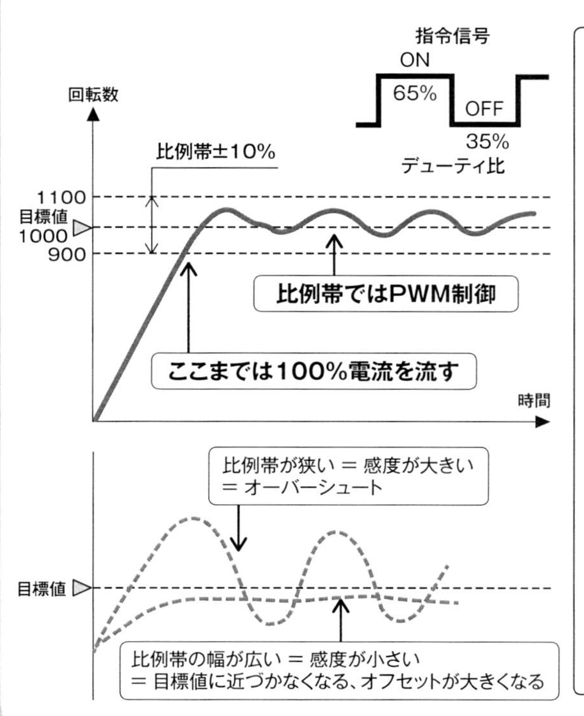

0~900rpmまでは100%出力

910rpm	→95%0N-5%OFF
920rpm	→90%0N-10%OFF
930rpm	→85%0N-15%OFF
940rpm	→80%0N-20%OFF
950rpm	→75%0N-25%OFF
960rpm	→70%0N-30%OFF
970rpm	→65%0N-35%OFF
980rpm	→60%0N-40%OFF
990rpm	→55%0N-45%OFF
1000rpm	**→50%0N-50%OFF**
1010rpm	→45%0N-55%OFF
1020rpm	→40%0N-60%OFF
1030rpm	→35%0N-65%OFF
1040rpm	→30%0N-70%OFF
1050rpm	→25%0N-75%OFF
1060rpm	→20%0N-80%OFF
1070rpm	→15%0N-75%OFF
1080rpm	→10%0N-90%OFF
1090rpm	→5%0N-95%OFF
1100rpm	→100%OFF

※比例帯 = 比例ゲイン

7 「I制御」の勘所をおさえる

P動作では、オフセットが生じてしまい目標値とズレた位置で安定してしまうという特徴があります。そこで登場するのが、I動作（積分動作）です。積分動作は、動きを面積でとらえているで、過去の足りない分量をトータルして加えてしまい、P動作で足りない隙間を埋めて欠点を補います。

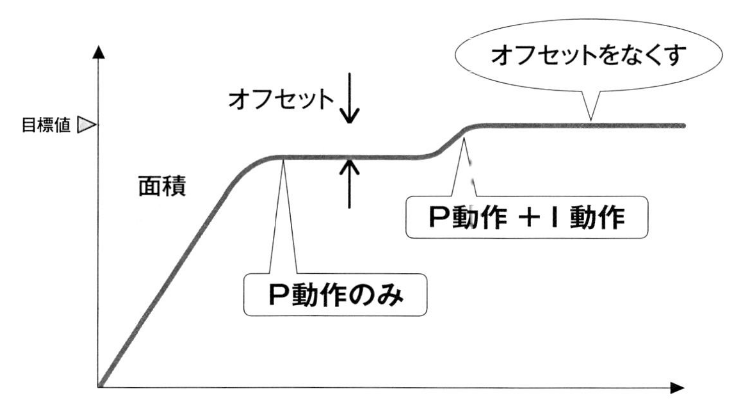

PI制御

PI制御では、Iゲインを加えて、オフセットを小さく（理論的にはゼロに）するように働きますが、安定するまでに（偏差を蓄積するのに）時間がかかります。また、Iゲインを小さくしすぎると感度が上がり振動しやすくなるといった特徴が表れます。ちなみに K_i ゲインは定数で、積み重なった誤差に応じてどれくらい出力したらよいかを決定します。

$$V = K_p \cdot e(t) + Ki \int_0^T \overbrace{(N_d - N)}^{e}(t)dt$$

比例動作：$K_p \cdot e(t)$

積分動作：$Ki \int_0^T (N_d - N)(t)dt$

Ki → Iゲインと呼ばれる定数

$\int_0^T (N_d - N)(t)dt$ → 偏差の誤差（面積）を累積したもの

V ：操作量（電流量）
N_d ：目標の回転数
N ：現在の回転数
e ：偏差

8 「D制御」の勘所をおさえる

I動作は、オフセットは改善できても、オーバーシュート、アンダーシュート、ハンチングなどの振動現象は改善されません。また、PI動作は、制御結果後の訂正動作なので、急激な変化に対して応答が遅くなります。そこで、登場するのがD動作（微分動作）です。微分をするというのは傾きを求めることです。つまり、傾きを求めることで現在値から少し先の未来の偏差がどのような値になるのかを見積もることができます。これにより、瞬時の変化に対応しながら、振動をおさえるように働きかけることができます。

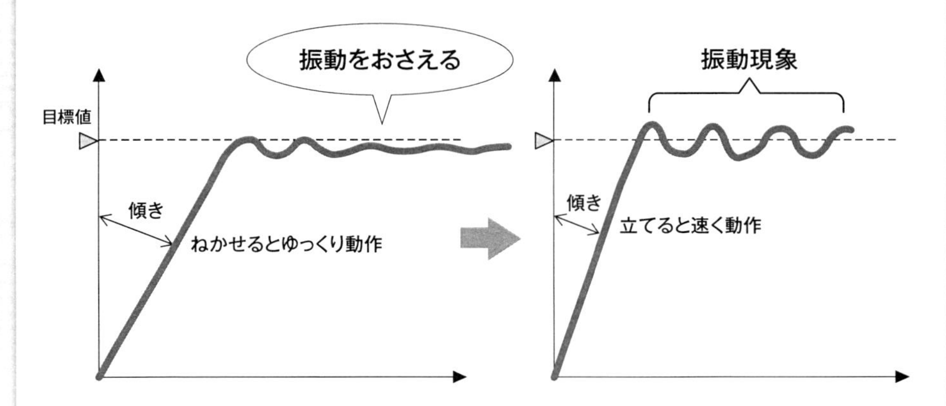

K_dは、Dゲインと呼ばれる定数です。変化量に応じてどれくらい出力を増やすか（減らすか）を先読みで決定します。ただし、Dゲインを大きくすると、微分項が効いて、立ち上がり時間が短くなりますが、大きくしすぎると振動が起こりやすくなります。

$$V = K_p e(t) + K_i \int_0^T e(t)\,dt + K_d \frac{d}{dt} e(t)$$

比例動作 / 積分動作 / 微分動作

Dゲインと呼ばれる定数

偏差を微分したもの

V ：操作量（電流量）
N_d ：目標の回転数
N ：現在の回転数
e ：偏差

9 「PID制御」の特徴のまとめ

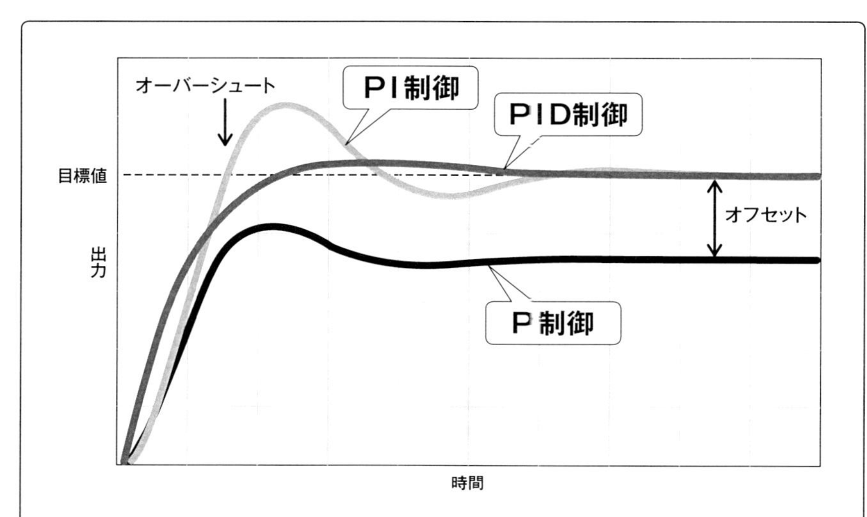

P制御………… スタートダッシュして目標値に近づけるように働く 。
ただし、偏差はゼロの状態にはならない。
PI制御………… オフセットを 0 にする。
ただし、オーバーシュートなど振動が発生する。
PID制御……… 振動（時間変化率）を小さく抑え、かつ、
素早く目標値に追従させるように働く。

実際にPIDを行うと
いろいろな外乱が入ってきちゃって
バランスが難しくなるよ

制御演算式の比較

	P	I	D	PI	PD	PID
制御能力	○	○	×	○	○	○
オフセット	×	○	—	○	×	○
応答性	△	×	—	△	○	○

10 「PID制御」のパラメータ値の決め方

PID制御で最も課題となるのが、K_p、K_i、K_dの「パラメータ値（ゲイン）」の求め方です。目的や用途によっては、PID 動作よりも、P 動作、PI 動作、PD 動作が適している場合もあります。PID制御は、制御対象が決まれば、それに対して、最も優れた応答を示す最適なパラメータの値（PID制御であれば比例幅（%）、積分時間（T_i秒）、微分時間（T_d秒）というものが存在しています。ただし、制御対象の何を重視したいかによって、そのパラメータ値の決め方も異なってきます。

①目標到達時間の速さを重視
②オーバーシュート/アンダーシュートの抑えを重視
③サイクリング（ハンチング）の安定性を重視
④オフセットの修正時間を重視
⑤外乱の修正時間の速さを重視

また、パラメータ値は互いに、関連、影響しあっていて、あちらを立てれば、こちらが立たないというトレードオフの関係にあります。

実際に3つのパラメータは、システムを動かし、試行錯誤を繰り返した結果からチューニングしたり、「オートチューニング機能」を持つシステムユニットに「おんぶにだっこ」という場合もあります。いずれにしても、システムは個体差があるので、もっと応答速度を高めたい、オーバーシュートをおさえたいといったときには、PIDのパラメータ値を個別に調整していくことになります。チューニングの手法はさまざまにありますが、ここでは、よく利用されている、「ステップ応答法」と「限界感度法」について紹介します。

	試行錯誤法	ステップ応答法	限界感度法
特徴	実際に応答させて調整	ステップ応答から設計	振動をはじめる条件から設計
	現場における調整法（ゼロからはじめることは少ない）	ステップ入力のときの、むだ時間と時定数を用いて調整	振動（発振）するまでゲインを上げ、そのときの応答周期を用いて調整

11 「ステップ応答法」の求め方

PID制御のパラメータを求める有名な方法の一つに、ジーグラ（Ziegler）とニコルス（Nichols）によって提案された「ステップ応答法」があります。これは、実験的にPIDのゲインを決めていくという手法です。やり方としては、下図のように、立ち上がりの曲線に接線を引きます。次に、定常値K、時定数T、むだ時間Lの3つの値を読み取ります。その値を「制御パラメータ算出表（1）」に代入して求めていきます。

制御パラメータ算出表（1）

コントローラ	K_p	K_i	K_d
P制御	T/KL	—	—
PI制御	0.9 T/KL	3.3 L	—
PID制御	1.2 T/KL	2 L	0.5 L

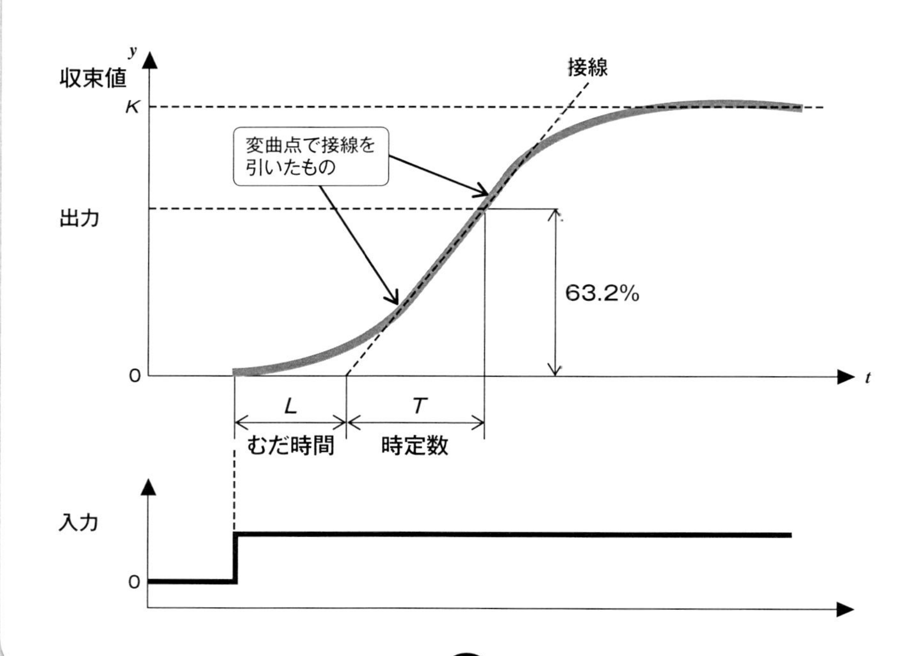

「限界感度法」の求め方

限界感度法とは、比例制御のみで制御して、Pゲインを振動状態になるまで感度を上げたときの「振動周期」とそのときの「Pゲイン」より、実際に制御するときのK_p、K_i、K_dのパラメータを算出する方法です。

算出の仕方は、

①システム制御をP制御のみで行ってみる
②Pゲインを制御対象が振動状態になるまで増加させる
③制御対象が持続した状態で振動しだしたときの比例ゲイン（K_c）と振動の周期（T_c）を記録する
④制御パラメータ算出表（2）に代入して求める

制御パラメータ算出表（2）

コントローラ	K_p	K_i	K_d
P制御	0.5 Kc	—	—
PI制御	0.45 Kc	Tc/1.2	—
PID制御	0.6 Kc	Tc/2	Tc/8

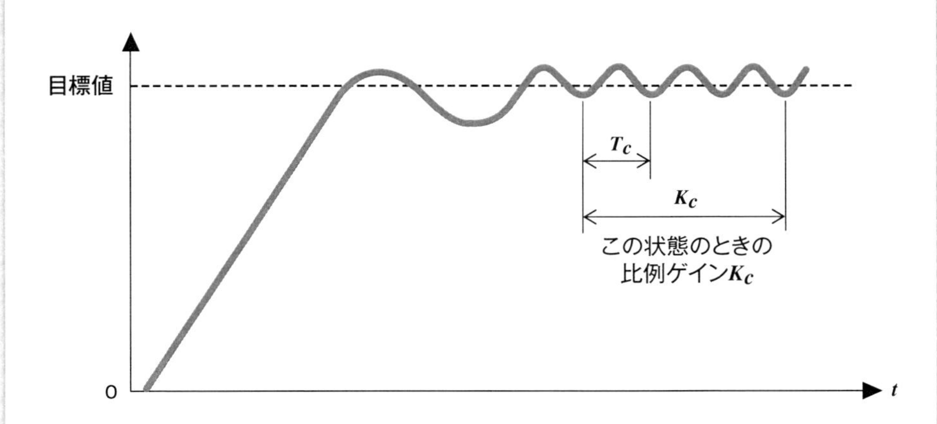

③ ビギニングTHEチャレンジれんしゅう

次の文章の空欄を埋めましょう。

PID制御とは、「偏差」に比例する信号を出力する［❶　　　］と「偏差」の時間積分に比例した出力をする［❷　　　］および、「偏差」の時間変化率に比例した出力をする［❸　　　］から構成される線形結合によって、［❹　　　］を決定し、［❺　　　］に追従する制御である。

比例動作は、［❻　　　］を改善する。積分動作は［❼　　　］を改善する。微分動作は、［❻　　　］や［❽　　　］を改善する。
比例と積分を組み合わせたPI制御は、［❾　　　］特性を改善する。
比例と微分を組み合わせたPD制御は、［❿　　　］特性を改善する。

PID制御は、フィードバック制御の方式の1つであり、サーボ機構などに用いられる。最適な制御結果を得るには、PIDの動作に対する比例ゲイン（K_p）、積分ゲイン（K_i）、微分ゲイン（K_d）が重要なパラメータとなる。これら3つをチューニング（調整）して制御が行われる。
3つのパラメータのうち、K_pだけを大きくすると［⓫　　　］になり、K_iだけを小さくすると［⓫　　　］となる。K_dだけを大きくしていくと［⓬　　　］となる。ただし、速応性が悪くなるので注意が必要である。

答え

❶ 比例動作　❷ 積分動作　❸ 微分動作　❹ 操作量　❺ 目標値　❻ 速応性
❼ 定常偏差　❽ 安定性　❾ 定常　❿ 過度　⓫ 不安定　⓬ 安定

ビギニングTHEチャレンジれんしゅう

ステップ応答法を用いて、PID制御を読み取ってみましょう。

K_p = 比例ゲイン	K_i = 積分ゲイン	K_d = 微分ゲイン
$\frac{1.2 \times 3}{0.8 \times 1} = 4.5$	$2 \times 1 = 2$	$0.5 \times 1 = 0.5$

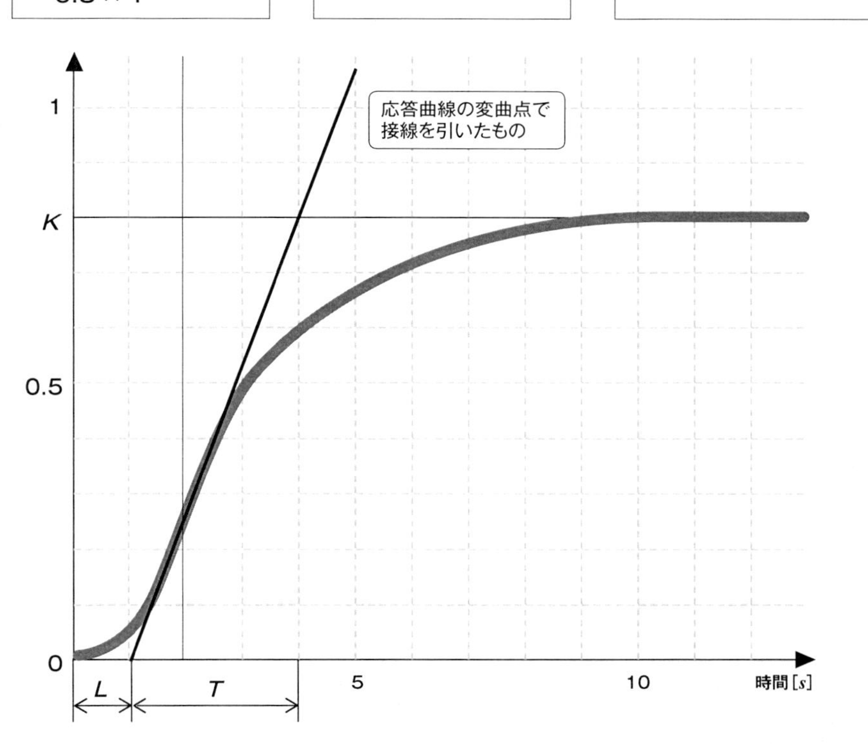

コントローラ	K_p	K_i	K_d
P制御	T/KL	—	—
PI制御	0.9 T/KL	3.3 L	—
PID制御	1.2 T/KL	2 L	0.5 L

第5章

伝達関数と「等価変換」

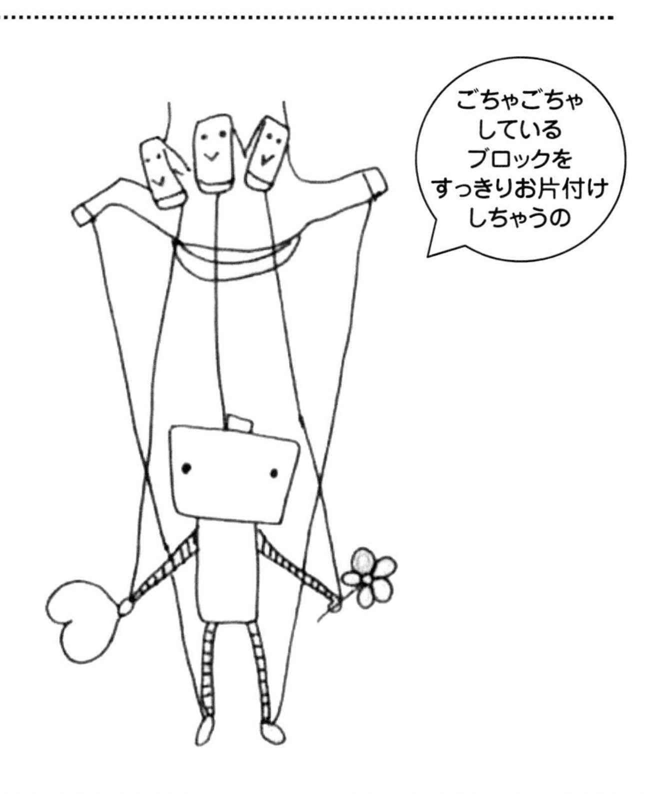

1 伝達関数とは何者なのか？

この章では、最低限おさえておくべき「伝達関数」の要点について説明します。伝達関数は、制御工学ではなくてはならないアイテムですが、なじみがないとイメージしにくいものです。そこで、伝達関数は、何のための使うものなのかについて説明していきます。

例）自動販売機

自動販売機を例に「関数」について考えてみましょう。自動販売機では、お金を入れると、ジュースが出てきます。つまり、この仕組みは、お金をジュースに変えたというシステムになります。そして、システムには、もう一つの特性があって、入れたお金（入力）によって出てくるもの（出力）が違うということです。100円を入れれば、ジュース1本が出てきますし、500円を入れれば、ジュース1本と400円のおつりが出てきます。

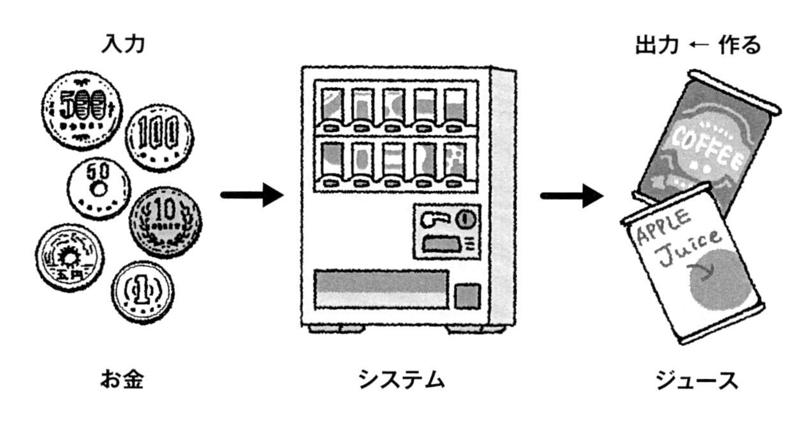

「関数」は、自動販売機に相当するもので、変換する仕組みを箱で表します。たとえば、ある関数（箱）に「A」という値を入れたら、「B」が出てきます。また、何を入れるかにによって出てくるものも違うので、「A」ではなく、「C]を入れたら、「B」ではなく、「D」が出てくるというわけです。

2 伝達関数を使ってシステムの未来を予測する

関数は、入れるものによって、出てくるものが違います。これを数学では「変数」と言い、Aを「x」、Bを「y」とすると、「yはxの関数」と言います。

では、伝達関数を使って何をするのでしょう。平たく言えば、「x」をシステムに入れたときや、「x」から「x'」に変化させたときの「y」の応答を前もって解ける形にしておく、と説明できます。たとえば、壁にボールを投げつけたら、ぶつかって跳ね返ってきます。投げるという行為が入力、跳ね返ってくるというのが出力です。ボールが跳ね返るには、壁や地面という「条件」が必要です。他にも、壁がどの距離に配置されているのか、反発力はどうかなど、条件を設定していきます。また、投げ方にも、「正面から投げた場合」、「速い球で投げた場合」などいろいろと考えられます。制御工学では、こうした細かいことの「関数化」を一生懸命やります。関数化されたものを使えば、たとえ箱の中身がブラックボックスでも、入力（x）がいくつだと、出力（y）がどうなるか計算できます。つまり、システムの未来（動かしたときにどうなるか）が予測できると言うわけです。

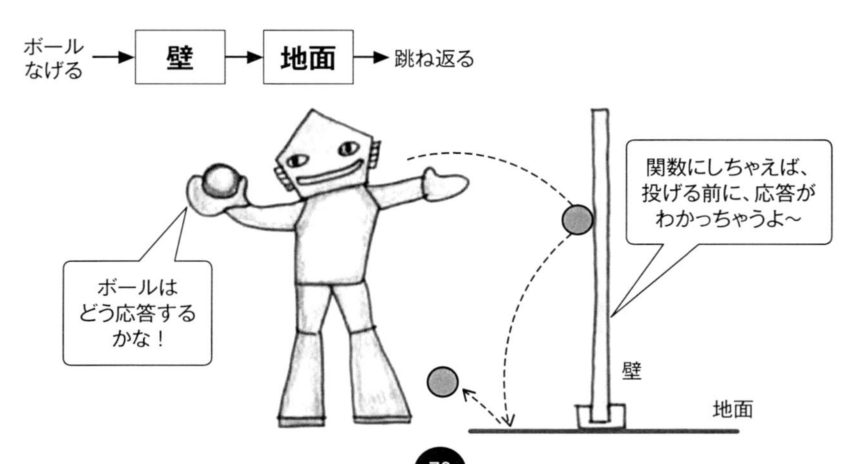

3 伝達関数のはじめの一歩

伝達関数は、いろいろな要素がつながってできているシステムの入力と出力の関係を表したものです。メカ屋さんには、あまりなじみがないですが、イメージを持つため、電子部品の「オペアンプ」を例に、具体的に説明していきます。

「オペアンプ」は、微弱な信号を「コンピュータ」が扱えるように、大きな信号へと増幅して伝達する電子部品です。

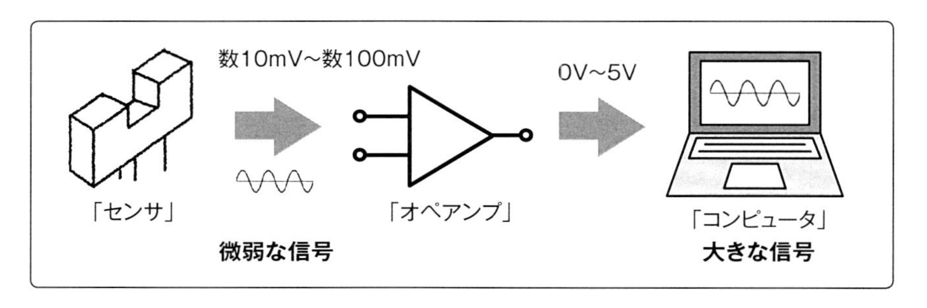

オペアンプは下図のように、三角形をしていて、プラスとマイナス(x_1とx_2)の2つの入力端子と1つの出力端子(y)で構成されています。オペアンプは元々、1万とか10万とかの非常に大きい増幅率が持っています。これをゲインと言います。x_1とx_2には数値の差があり、その差に増幅率をかけながら、電圧yを出力します。たとえば、x_1が0V、x_2が0.1mV、ゲイン10万、だとすると、式を使ってyは、「−10V」が出力されます。

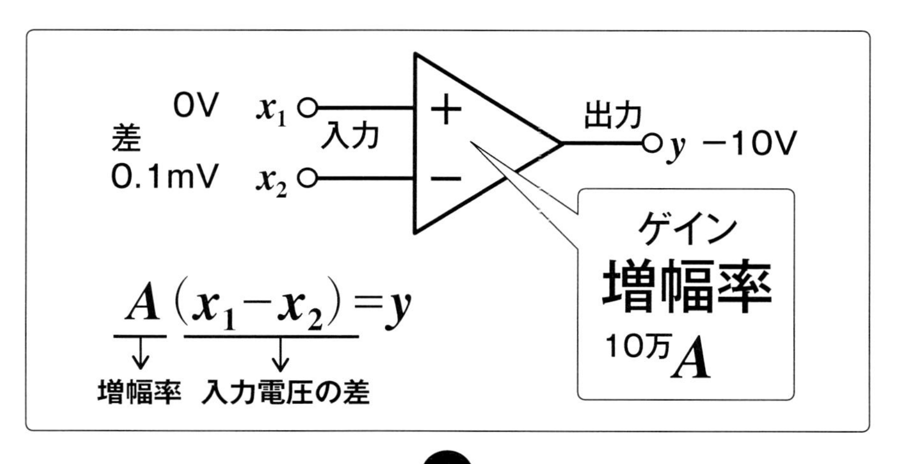

4 オペアンプのフィードバック

オペアンプ（他の電子部品も）は、そのまま使うと不安定な動きで出力されてしまいます。そこで、出力する前に、抵抗を取り付けてフィードバックをかけながら出力します。これを表したのが、以下の図です。操作を与えるオペアンプが「*A*」で、調整する抵抗をまとめて「*B*」とします。オペアンプのように、フィードバックをかけるシステムはたくさんあります。

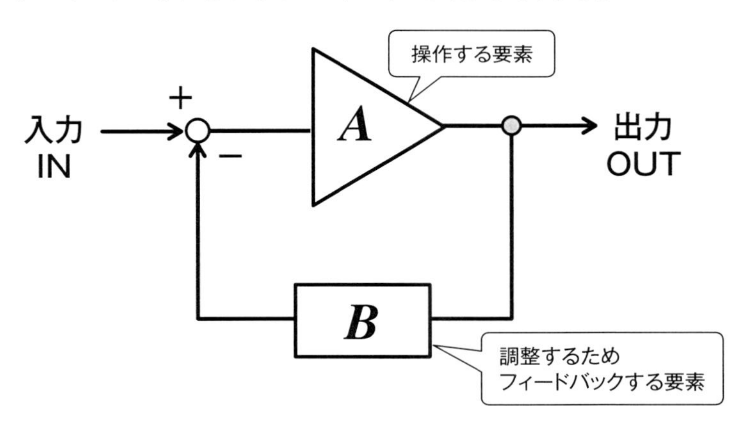

ここで、オペアンプから、一つのシステムへ置き換えてみましょう。

入力から出力へと前向きに機能をする要素を伝達関数の「*G*」とおき 、フィードバックする要素を「*H*」とします。そして、システムが暴走しないかどうかを知るために入力に対する出力の関係、y/xの伝達関数を求めます。「暴走しないこと」とは、「安定」という意味があります。

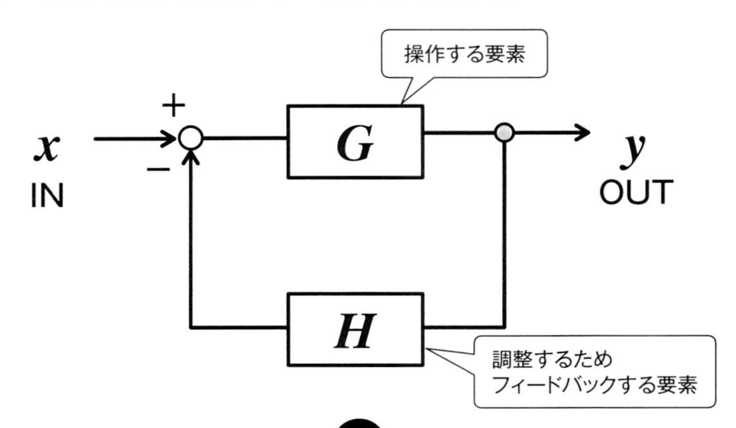

5 伝達関数の基本

さて、ここでもう一度、伝達関数について整理しておきましょう。伝達関数とは、そのシステムの構造をわかりやすく図に表したものです。システムは通常、入力に何らかの操作を加えて出力します。「操作を加える」の部分が伝達関数になります。矢印は「信号（情報）」です。

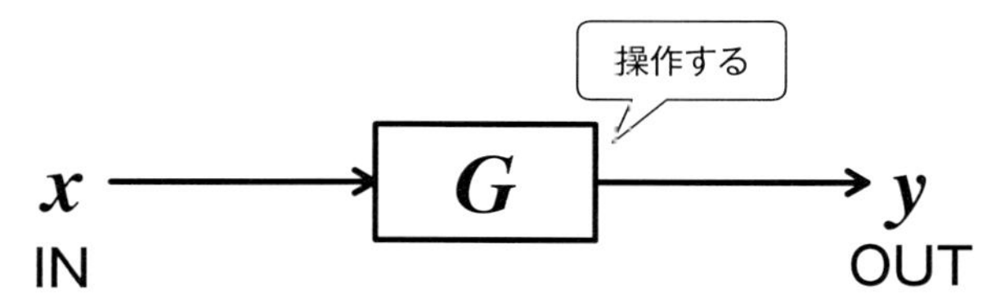

この関係を式で表すと以下のようになります（出力は入力と操作を掛けたもの）。

$$y = Gx$$

上記の式を「入力xの信号がGという操作を介して、yを出力」というように変換してみると、以下のようになります。

$$\frac{y}{x} = G$$

出力 y ／ 入力 x $= G$ ⟶ 伝達関数という

伝達関数をもう少し細かく図に表すと、通常の私たちは時間の関数で働いている世界ですので、それぞれに時間を表す（t）が付きます。

$x(t)$ 入力 → $G(t)$ → $y(t)$ 出力

制御工学では、ラプラスの世界（後で説明します）の関数で働きますので、それぞれにラプラスの世界を表す（s）が付きます。

$x(s)$ 入力 → $G(s)$ → $y(s)$ 出力

6 オームの法則の伝達関数

皆さんが良く知っているオームの法則を伝達関数で表してみましょう。

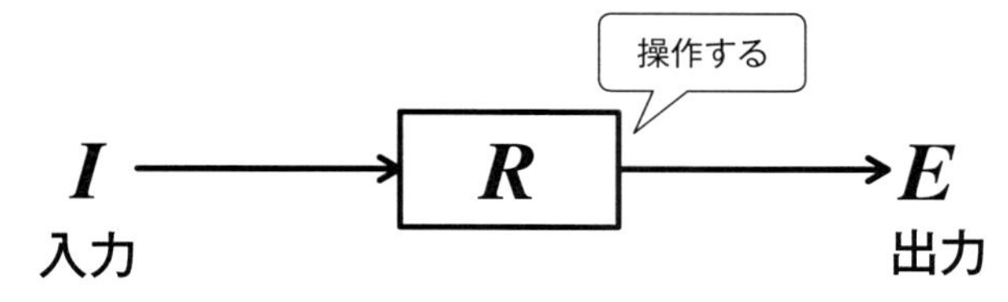

この関係を式で表すと以下のようになります。（出力は入力と操作を掛けたもの）

$$E = RI$$

上記の式を「入力電流が抵抗という操作を介して、電圧を出力」というように変換してみると、以下のようになります。

$$\frac{E}{I} = R$$

（出力 E ／入力 I）$\longrightarrow$ 伝達関数という

つまり、

R（抵抗）は、I（電流）とE（電圧）の関係を表している

さらに言えば、

電流と抵抗がわかれば、電圧が導ける

これが、伝達関数の基本の考え方です。

7 フィードバック系の伝達関数

さらに、フィードバック制御のようなもう少し複雑な伝達関数を考えてみます。

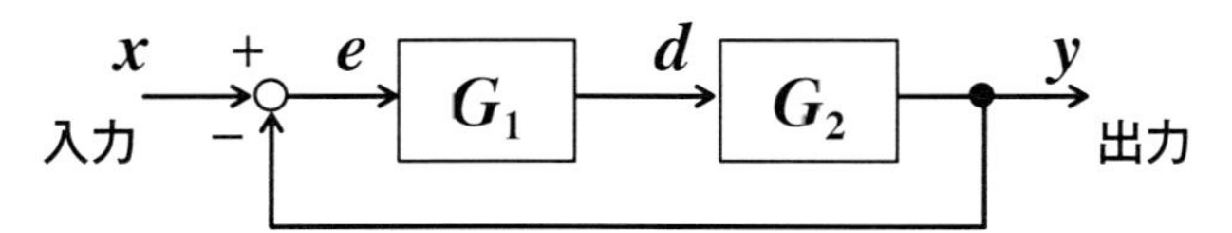

こうしていくつかの伝達関数が並んでいたり、フィードバック系になっていた場合、最初は、終わりの出力yと関数G_2あたりに注目します。

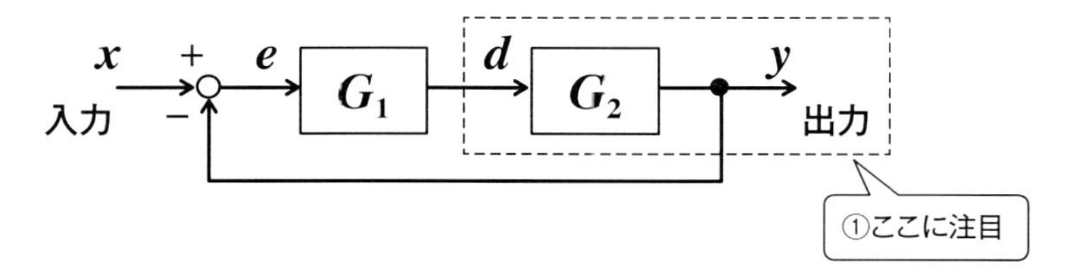

ここでは、dという入力が、関数G_2を通って、出力yになるので、式にすると、

$$y = G_2 d$$ ――①式

次に、その一つ前の関数に注目して計算すると、

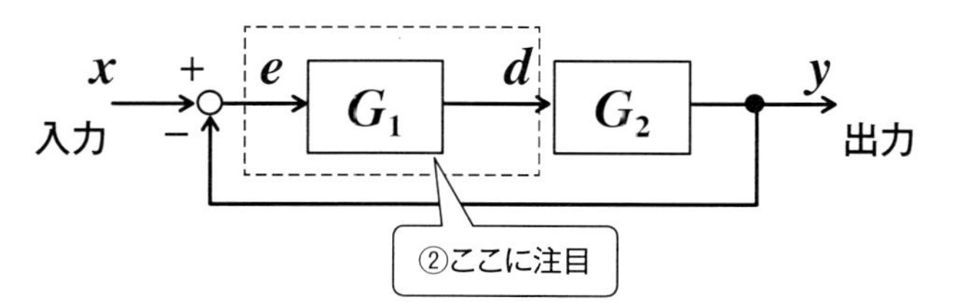

式②のようになります。

$$d = G_1 e$$ ――②式

次に、e（入力）に注目します。eというのは、xからの＋の入力信号と、yからの－の入力信号からできているので、

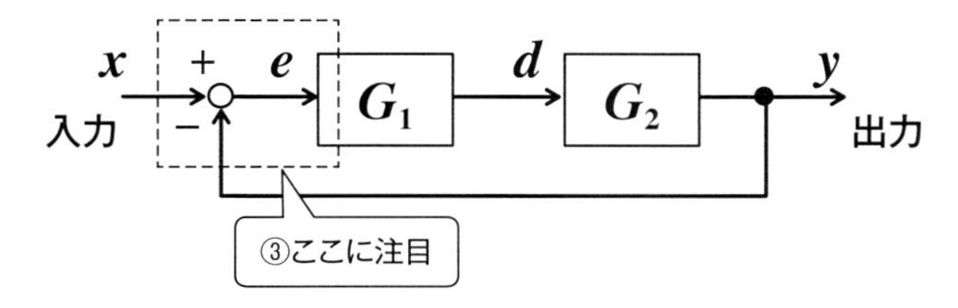

式③のようになります。

$$e = x - y \quad \text{——— ③式}$$

ここで、今までの①から③式をまとめます。

$$y = G_2 d \quad \text{——— ①式}$$
$$d = G_1 e \quad \text{——— ②式}$$
$$e = x - y \quad \text{——— ③式}$$

式を抽出する

①と②と③の式を出力yに注目しながら、代入して、並べ替えます。

$$y = G_1 G_2 (x - y)$$
$$(1 + G_1 G_2) y = G_1 G_2 x$$
$$y = \frac{G_1 G_2}{1 + G_1 G_2} x$$

代入・並べ替える

最後に、入力と出力の関係を表す伝達関数にします。

できました!

$$\frac{y}{x} = \frac{G_1 G_2}{1 + G_1 G_2}$$

x → $\frac{G_1 G_2}{1 + G_1 G_2}$ → y

伝達関数

8 伝達関数で覚えておくべき最低限の「ルール」1

伝達関数の中身は、四則演算のみ

伝達関数ではいくつかのルールがあります。その1つに、伝達関数の箱の中身は、+、−、×、÷などの四則演算しか入れることができないということ。通常、機械などの運動系は、速度を微分して加速度、というように、「微分」や「積分」という方程式で記述されます。しかし、微分や積分は伝達関数では扱えないのです。そこで登場するのが、次章に説明される「ラプラス変換」です。ラプラス変換は、微分や積分などの複雑な計算を、簡単な四則演算に置き換えるために用います。

ラプラス変換した伝達関数を箱の中に入れれば、単純に伝達の箱の掛け算を行うだけで、x(入力)とy(出力)の関係結果が求められます。

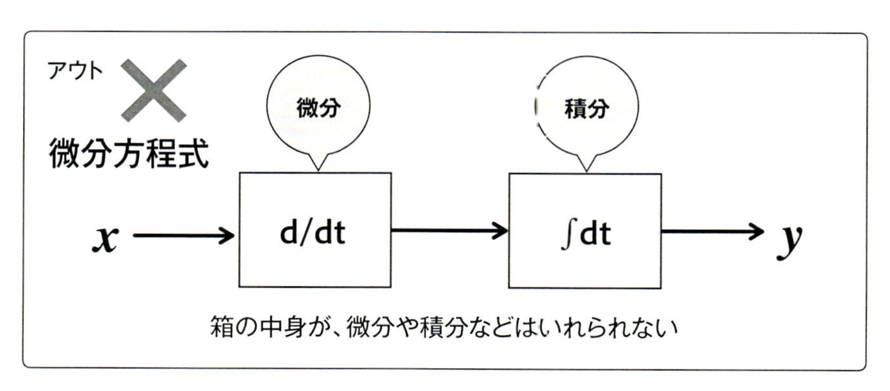

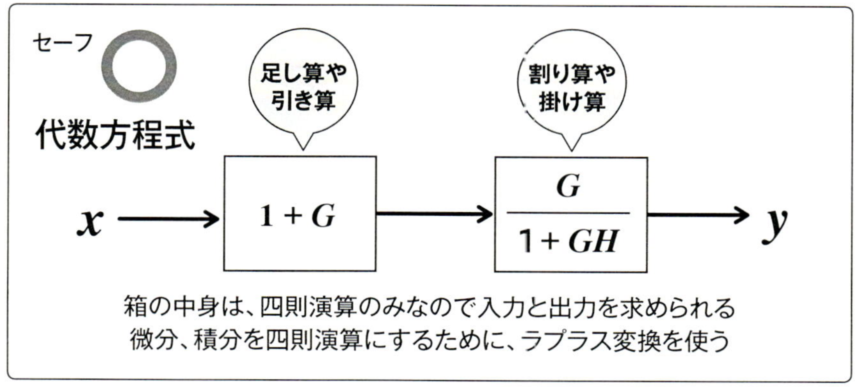

9 伝達関数で覚えておくべき最低限の「ルール」2

伝達関数が前頁のように単純な場合は計算は容易です。しかし、どんどん関数化していくと、ブロック線図は**図1**のように複雑になります。そこで、ブロック線図をスッキリさせるため「結合して簡略化しましょう！」という方法があります。これを「等価変換」と言います。等価変換には、直列、並列、直結などの法則があります。その基本をしっかりとおさえていきましょう。

等価変換（ブロック図の簡略化）

図1. 等価変換前

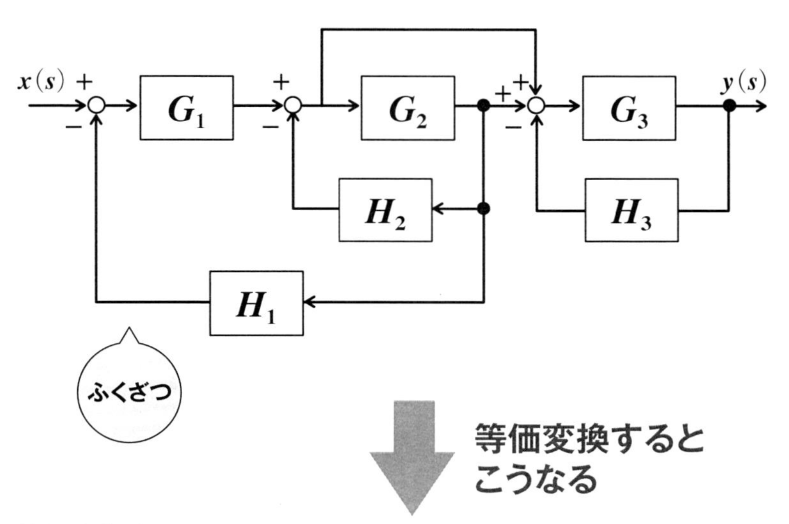

図2. 等価変換後

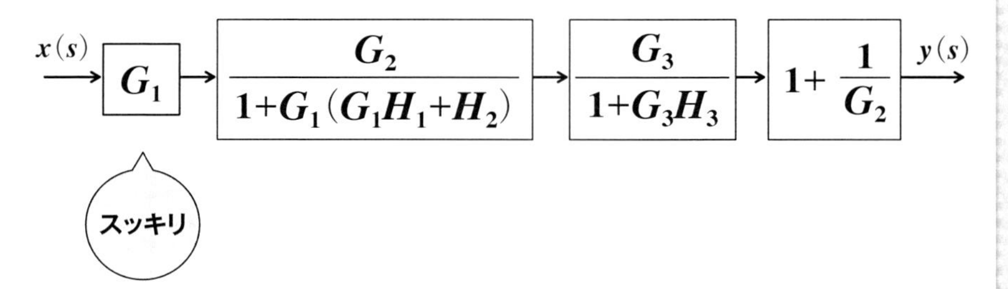

10 ブロック図の基本「ルール」

まずは、ブロック線図の基本ルールを理解しましょう。ブロック線図は、以下の4つから構成されています。

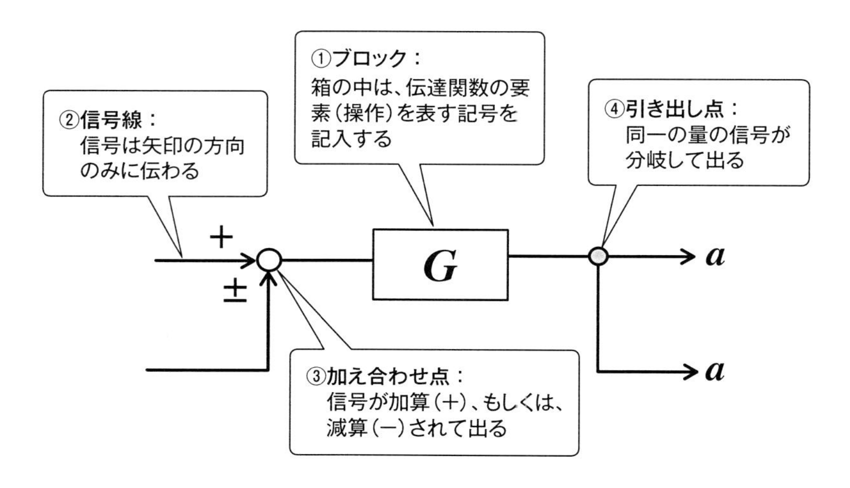

<table>
<tr><th>呼び方</th><th colspan="2">意味</th></tr>
<tr><td>①ブロック（要素）</td><td colspan="2">伝達関数の箱</td></tr>
<tr><td>②信号線（矢印）</td><td colspan="2">信号の流れの方向を表している。</td></tr>
<tr><td>③加え合わせ点</td><td>信号の引き算
$c = a - b$</td><td>信号の足し算
$c = a + b$</td></tr>
<tr><td>④引き出し点</td><td colspan="2">信号の分岐を表している。
（黒丸で表記）</td></tr>
</table>

11 等価変換の法則（直列結合）

等価変換の基本は、主に「直列」と「並列」の２種類あり、並列は、前向き、後向きの２つに分類されます。また並列のフィードバック部には、伝達関数を持たない「直結」もあります。それぞれのルールを覚えましょう。

（１）直列結合
（２）並列結合
　・前向きフィードバック・後向きフィードバック
（３）直結フィードバック

（1）直列結合

二つの伝達関数が直列に接続しているときに、
それらを掛け合わせて合成します。

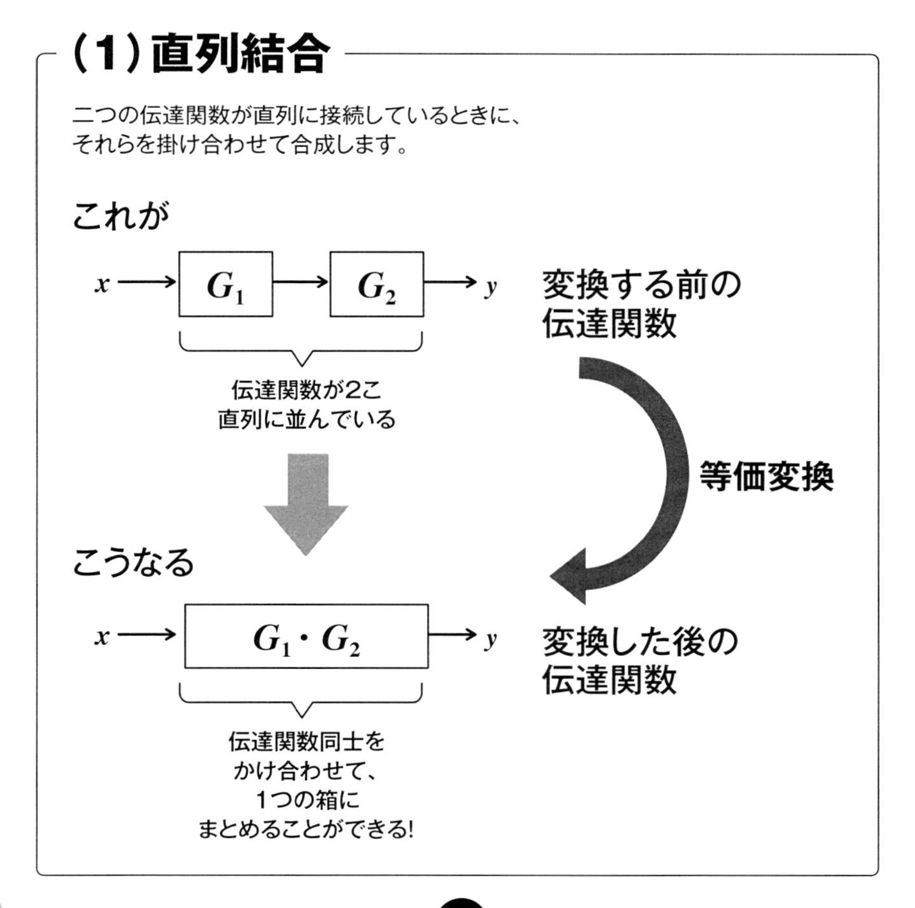

並列のブロック線図は、加え合わせ点を前か後かのどちらにくるかで、２つの考え方があります。まずは、並列タイプで使う以下の専門用語とパターンについて理解しましょう。

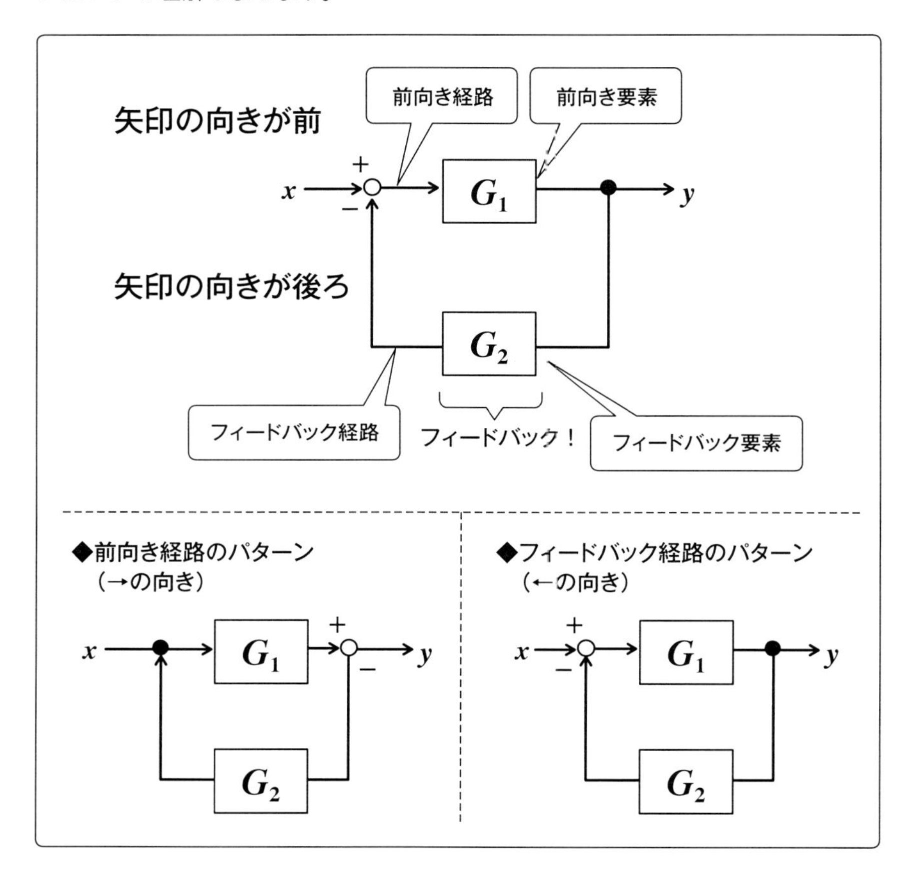

解説

①入力側（xの方向）から出力側（yの方向）に向かう経路を「前向き経路」と言います。
②前向き経路に含まれる要素を「前向き要素」と言います。
③逆に、出力から入力に向かう経路を「フィードバック経路」と言います。
④フィードバック経路に含まれる要素を「フィードバック要素」と言います。

12 等価変換の法則（並列ー前向き経路）

（2）並列（前向き経路）

二つの伝達関数が並列に接続していて、前向きにフィードバックがかかっているとき、それらを足す、もしくは、引いて、合成することができる。

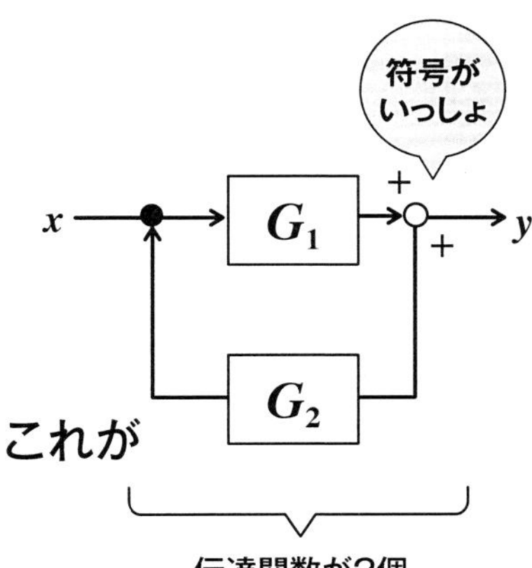

これが

伝達関数が2個
並列に並んでいる
（加え合わせ点では+と+）

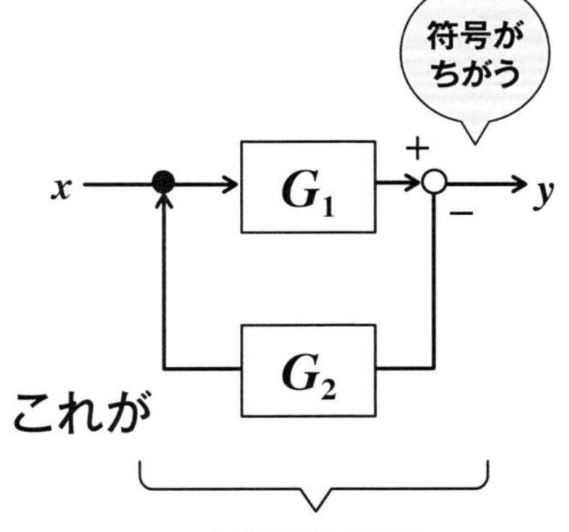

これが

伝達関数が2個
並列に並んでいる
（加え合わせ点では+とー）

等価変換

等価変換

こうなる

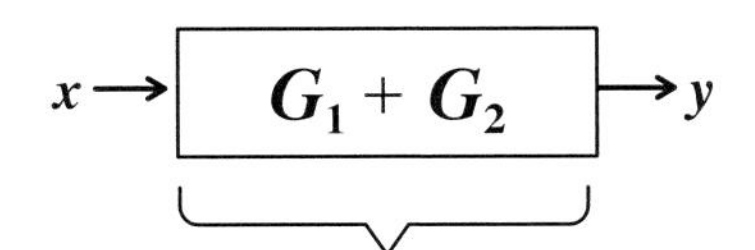

伝達関数同時を「足して」、
1つの箱に
まとめることができる!

こうなる

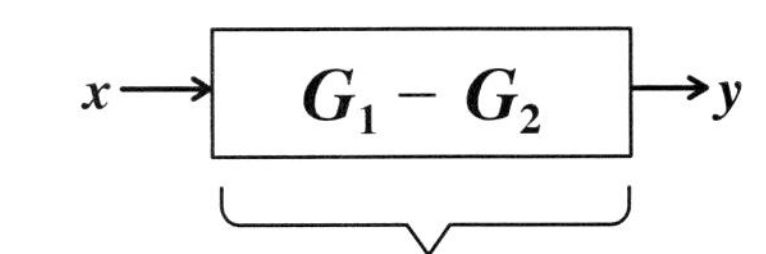

伝達関数同士を「引いて」、
1つの箱に
まとめることができる!

(3) 並列(フィードバック経路)

二つの伝達関数が並列に接続していて、後ろ向きにフィードバックがかかっているとき、分子は、そのまま前向き要素、分母は、フィードバック要素と前向き要素をかけて1を加える。

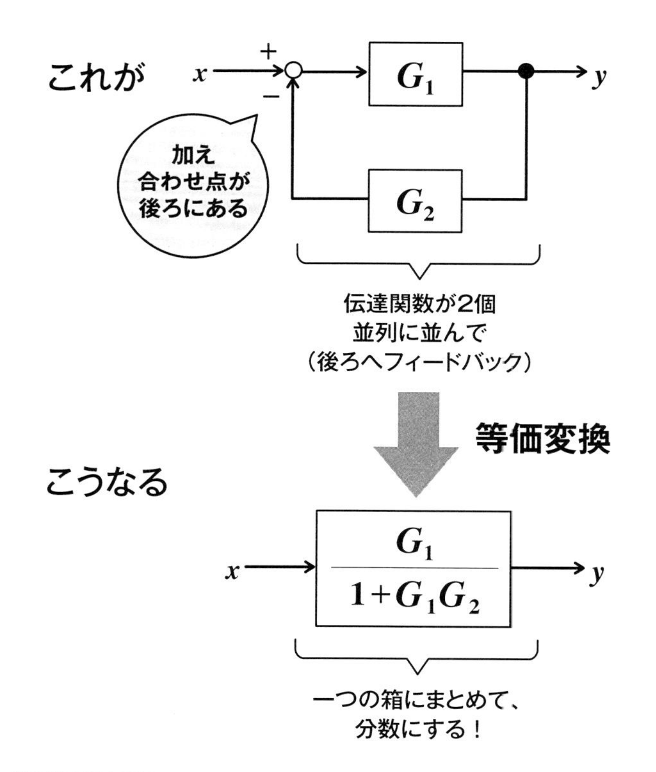

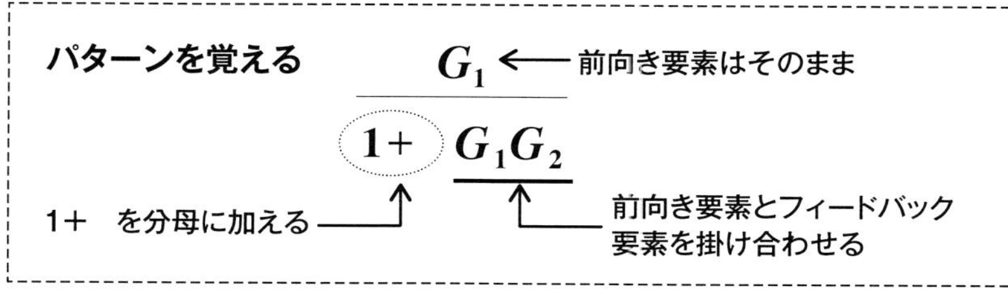

(4) 直結フィードバック

1つの伝達関数が、後ろ向きにフィードバックがかかっているとき、分子は、そのまま前向き要素、分母は、前向き要素に1を加える。

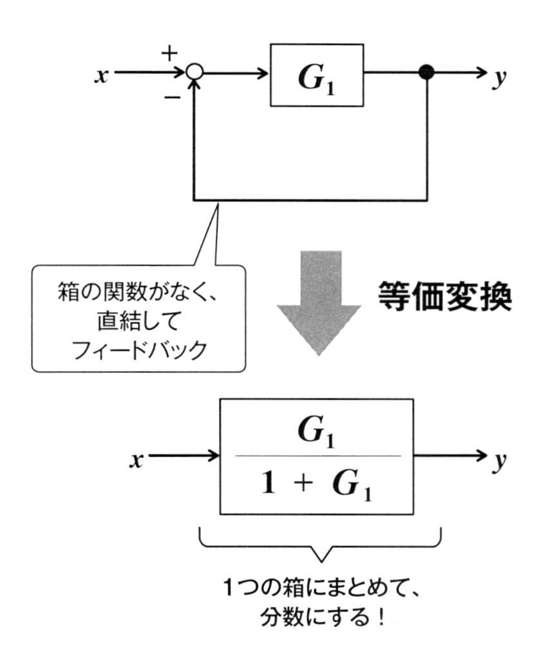

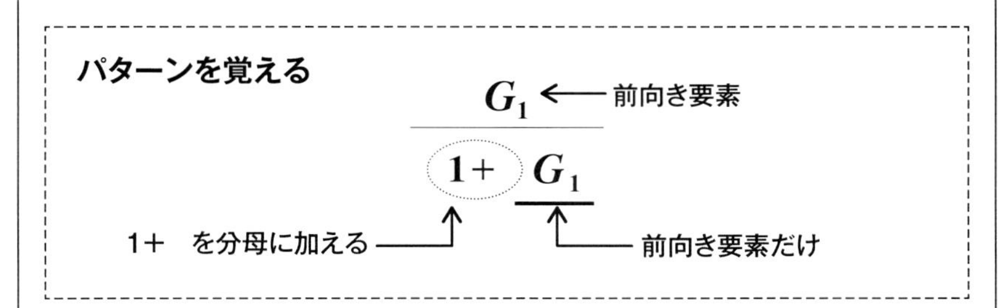

13 閉ループ伝達関数

フィードバック制御では、フィードバックループを閉じたときと、開いたときの、2つの立場から特性を明らかにすることができます。閉じたときを閉ループ伝達関数、開いたときを、一巡伝達関数（開ループ伝達関数）と言います。

閉ループ（総合伝達関数）

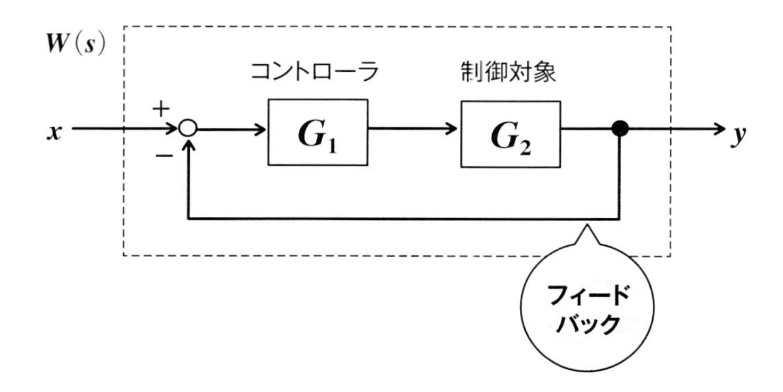

たとえば、上記のようなフィードバック系の伝達関数を（4）直結フィードバックを使って、求めると以下のようになります。

伝達関数

$$W(s) = \frac{G_1 G_2}{1 + G_1 G_2}$$

閉ループ伝達関数では、フィードバック制御系の全体の特性を明らかにするために用いるので、「総合伝達関数」とも言います。

考え方

$$\frac{\text{前向き伝達関数}}{1+(\text{一巡伝達関数})}$$

14 一巡伝達関数（開ループ伝達関数）

一巡伝達関数とは、以下のようにフィードバック制御系のループを切った系の特性を考えます。ループになったものを計算するのに比べて、直列系の計算はかなり簡単です。ループを開いた状態で、まずは計算を行い、ある程度の見通しを立ててから、閉ループを考えるという手段をとります。一巡伝達関数は、フードバック制御系が安定しているかどうかをとりあえず判別したり、振動の条件を容易に求めたい場合などに用いられます。

一巡伝達関数（開ループ伝達関数）

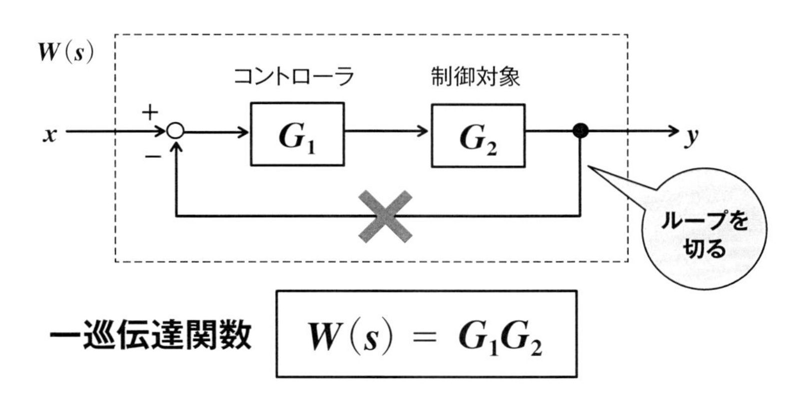

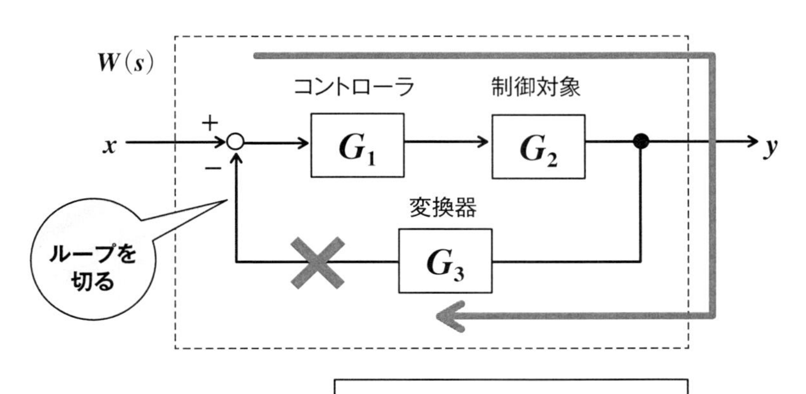

ビギニングTHEチャレンジれんしゅう

次の伝達関数を等価変換してみよう！

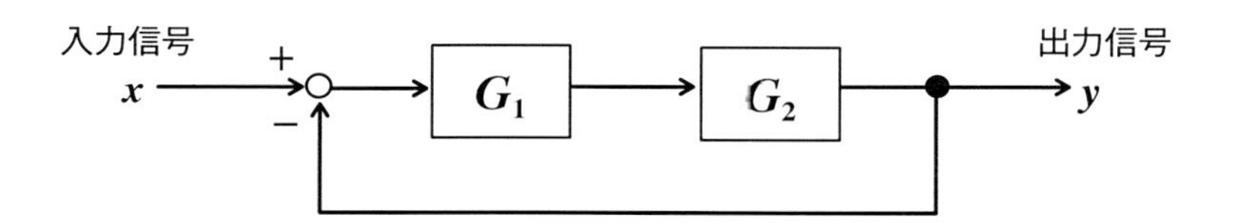

答え

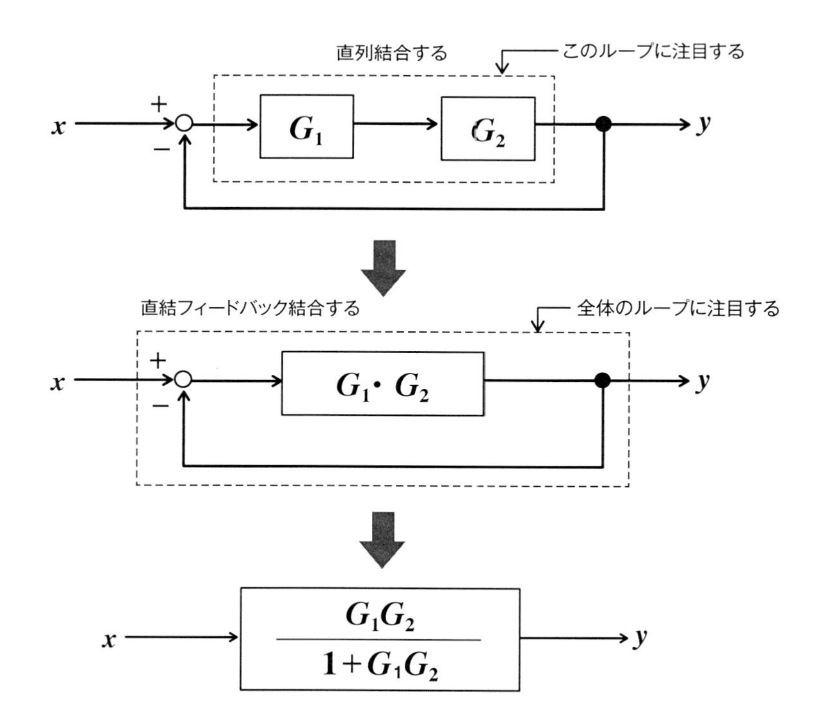

ビギニングTHEチャレンジれんしゅう

次の伝達関数を等価変換してみよう！

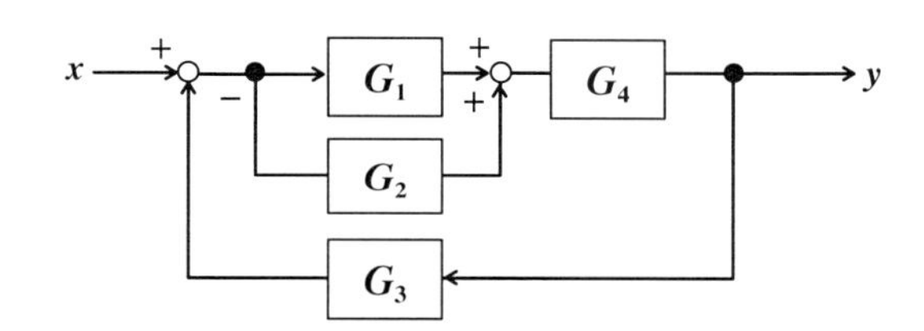

答え

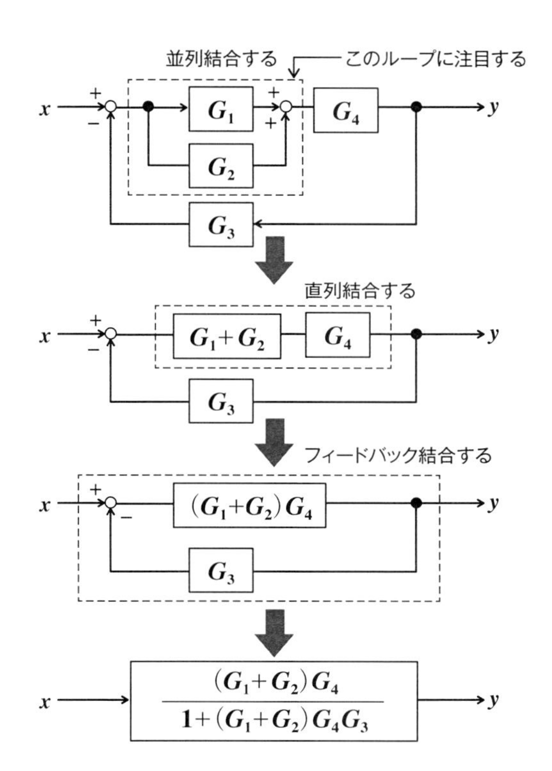

ビギニングTHEチャレンジれんしゅう

次のように、ブロック線図で表される制御系があります。今度は、外乱$D(s)$に対する制御量$C(s)$の伝達関数（$C(s)/D(s)$）を示す式として、等価変換してみよう！

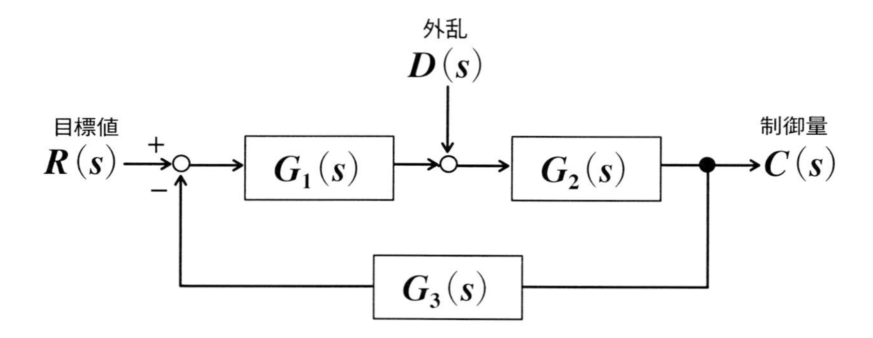

答え

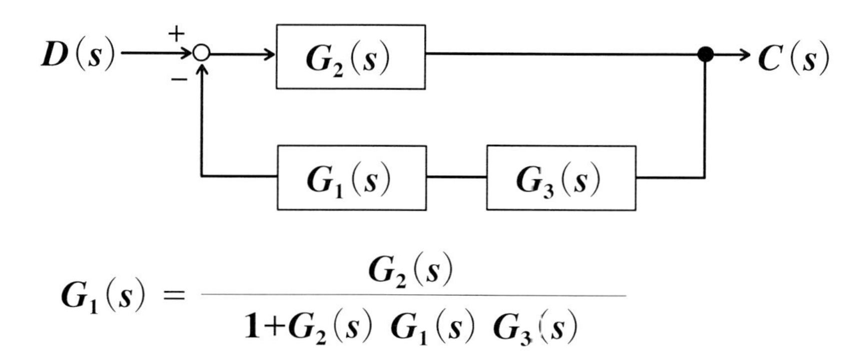

$$G_1(s) = \frac{G_2(s)}{1+G_2(s)\ G_1(s)\ G_3(s)}$$

制御工学は「モデリング」からはじまる

1 制御工学は、「モデリング」からはじめる

この章では、DCモータを使ってテーブルを左右に動かす駆動システムで、制御工学ではじめに取り掛かる「モデリング」について、具体的に説明していきます。その前に、まず駆動システムについて整理しておきましょう。

DCモータは、直流電源で動くモータです。下図のように、電源の「電気エネルギー」を電圧、電流、抵抗などを使った電子回路によって、モータの「回転力」へと変換します。回転力を受けたメカ系は、ボールねじなどの機械部品を使って「直進運動」に変換します。これにより、テーブルを所定の場所で位置決めするという伝達動作が行われています。電源(エネルギー)側を「入力」とすると、テーブル位置決め側が「出力」という関係にあります。

ここでのポイントは、メカは「m」、「kg」、「s」の単位系、エレキは、「A」、「V」、「Ω」の単位系というように、単位系が別々の世界に存在しているということです。制御工学では、別世界の住人同士を一つに同居させる、つまり、「単位系の等価交換」という考え方を持って取り組みます。それを実際に行うのが「モデリング」です。

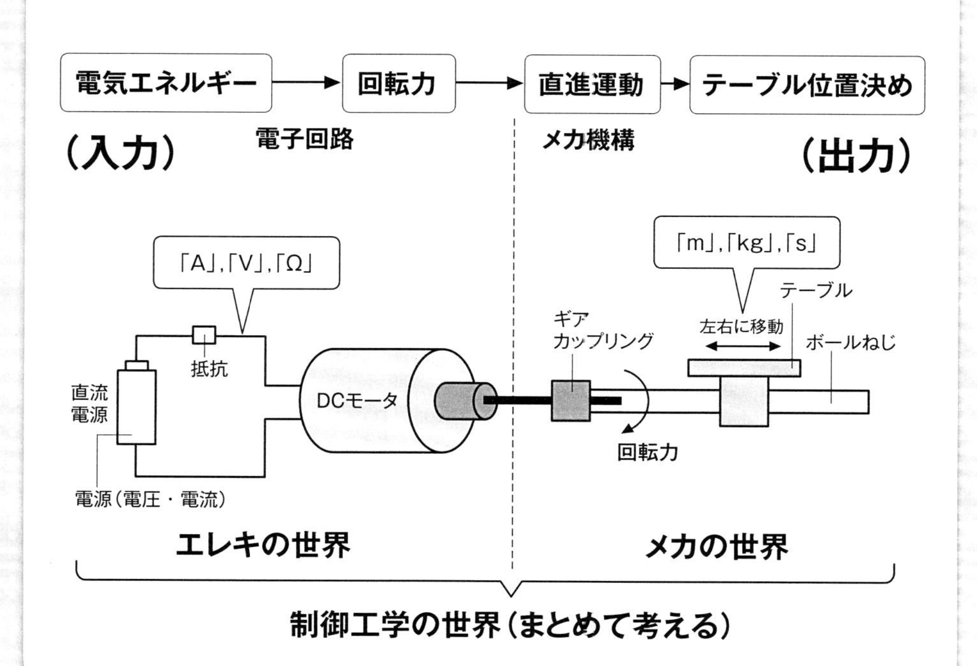

② 制御工学では「アナロジー」という考え方が基本

制御工学のアプローチは、別世界同士の住人を1つの世界に同居させることですが、そのための道具として、「数学」を使います。やり方としては、まず、メカやエレキなどの各系の動きを支配するパラメータを抽出します。制御工学では「入力」を支配する物理系と「出力」を支配する物理系の因果関係を知ろう！という試みをしますので、入力と出力に関係するそれぞれのパラメータを探していくわけです。駆動システムでは、入力の物理系が「電圧」、出力の物理系が「回転数（速度）」というパラメータです。そして、電圧と回転数がイコールになるようなベストな関係式を作っていくわけです。これらを「電気系＝機械系のアナロジー」と呼びます。これは、機械系を電気系に置き換えることを意味しています。電気系の特性から機械系の特性を推測しようという目的があります。

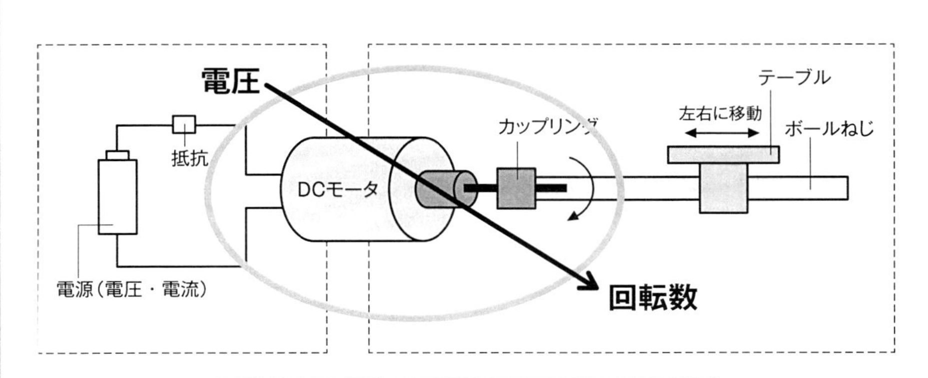

ココが制御工学の肝！

動きのポイントをまとめてみましょう。

ピック アップ!

- ☐ ①モータに電圧をかける
- ☐ ②その電圧に応じた電流が流れる
- ☐ ③その電流によってモータが回転する
- ☐ ④つまり、電圧を調整すれば
- ☐ ⑤メカの速さ（回転数）を変えることができる !!

3 制御設計の手順 ～モデリングからはじめよう～

モデリングは、まず動きを操るうえで元となる、物理の法則、たとえば、エレキで使う「オームの法則」やメカで使う「運動方程式」などの公式に注目します。また、実験から得られた「動作」の生データがあればOKです。これらは皆、時間で動きが変わる物理現象なので、「**微分方程式**」という数学の道具を使ってシステムを数式化できます。これが「**モデリング**」です。モデリングによって、数学モデルができあがると、次に、システムの「入力」の設計を行います。これを「**制御器（コントローラ）の設計**」と言います。つまり、制御工学で使う数学は、入力を設計するためのものです。数学モデルが複雑すぎると、制御器が作れず、何度もやり直すことになります。したがって、ソフト屋さんは、数式モデルをできるだけシンプルに作ろうとします。制御器ができると、次にコンピュータ上で「**シミュレーション**」をして、システムがきちんと制御できるかどうかを確認します。NGなら、元に戻ってやり直し、OKなら制御器をシステムの中に「**実装**」します。しかし、シミュレーションでは、うまく動いたのに、実装したとたんに問題発生というケースがよくあります。その場合は、また一からやり直しします。目標通りに動けば完成です。このように、地道な作業を繰り返しています。

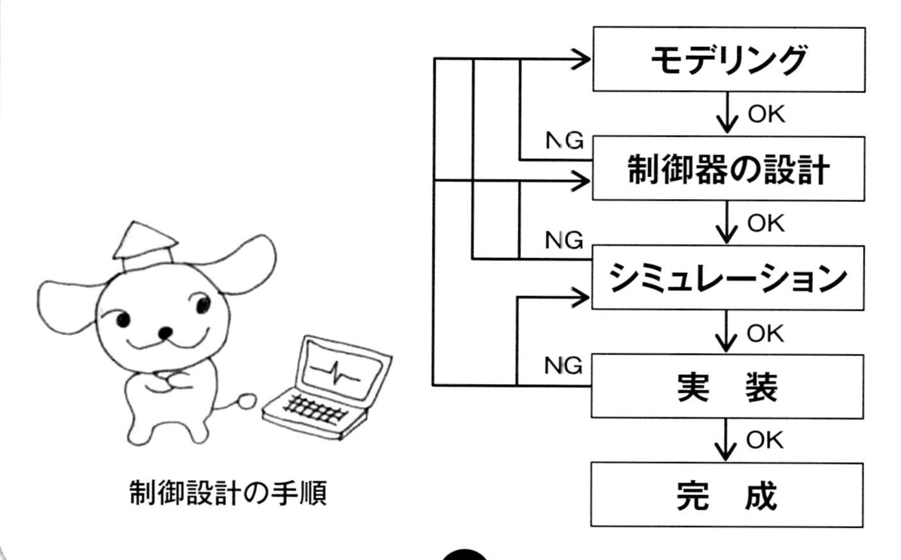

制御設計の手順

4 「モデリング」のための数学記号

「モデリング」では、エレキやメカの動きをいきなり数式モデルにおこすわけではなく、まずは下図のように、イメージ図を「**数式記号**」へと変換していきます。数式記号（RとかDとか）の決め方は、基本的には、それを用いる設計者にゆだねられています。ここでは「動き」に関係するパラメータを洗い出して、下のような記号に置き換えてみます。

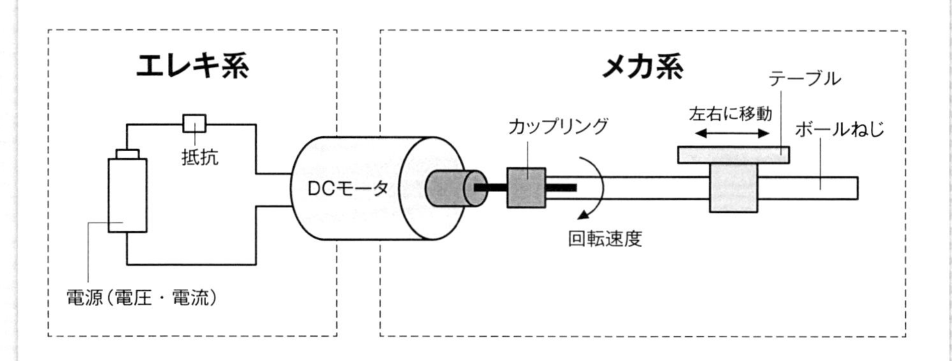

メカ・エレキの動きのパラメータを抽出して記号変換

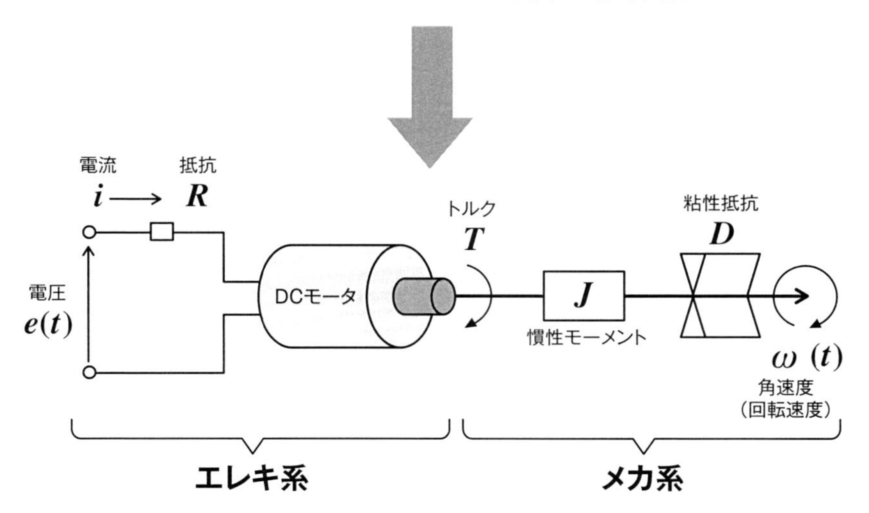

5 「モデリング」のための物理現象を知る

システムの設計は、数学モデルがあると便利ですが、これを理解するには、エレキ系やメカ系の物理現象について知っておかなければなりません。メカやエレキなどのハードウェア系は、すべて「**自然界の物理法則の上に成り立っている**」ということを意識することが大事です。自然界の物理法則は、「こう動かすと、こうなる」という関係がほぼできあがっています。たとえば、下図のセンサ（ポテンショメータ）のように、入力と出力の関係を「数式モデル」という形に作り上げるベースは、みな物理の法則です。

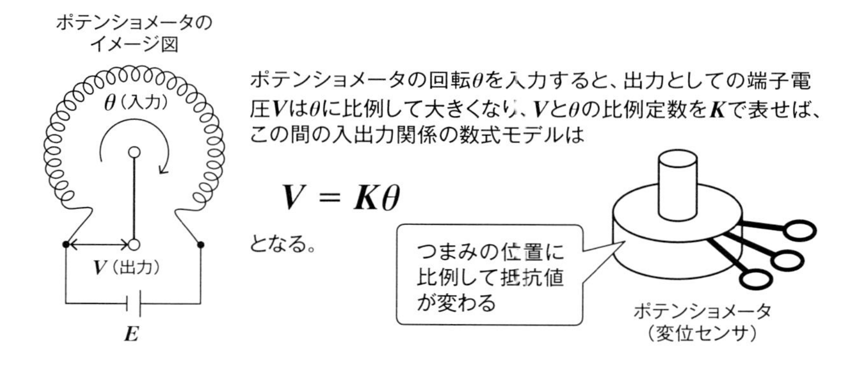

ここから少し、エレキとメカの物理のルールについて、簡単に説明していきます。（理解している人は、すっとばしてください。）

これらのルール知ってることが大前提！

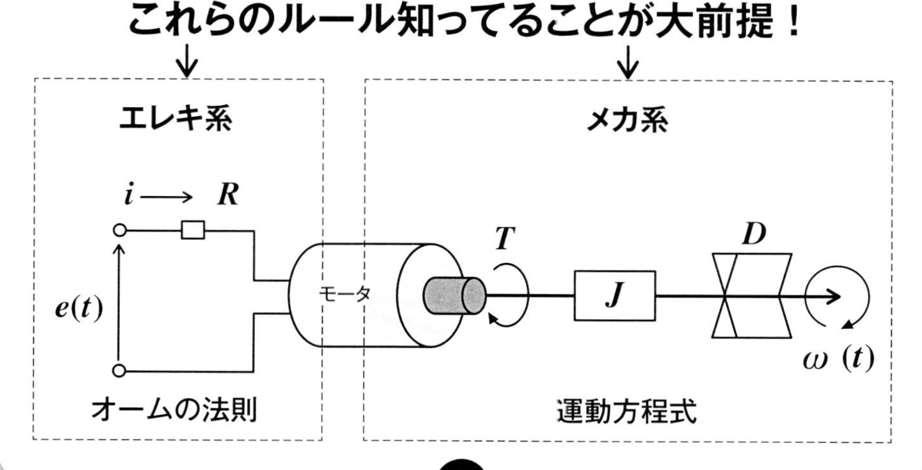

6 エレキ屋さんのおさらい：電圧と電流

まずは、入力側であるエレキ屋さんの基本事項についておさらいしましょう。モータの場合、電流をたくさん流せば流すほど、大きな回転力を出すことができます。特に、ＤＣモータは、電圧と回転数が比例するように素直に設計されているので、望みの回転数がわかれば、それと同等の電圧を与えればよいわけです。しかし、機械が重かったり、急に負荷が変わったりすると、同じ距離を同じ時間で移動させるにも、モータに電流をたくさん流すようにコントロール部から命令しなければなりません。また、その逆のパターンもあります。ここで重要なのは、「モータ動け」という入力指令は「電圧」、モータの駆動は「電流」を使っていることです。高い電圧を与えれば、電流がたくさん流れて重い機械を動かすことができますが、パワーもその分必要になります。負荷に見あった回転力をきちんと与えるには、計算が必要です。そこで、オームの公式を使います。

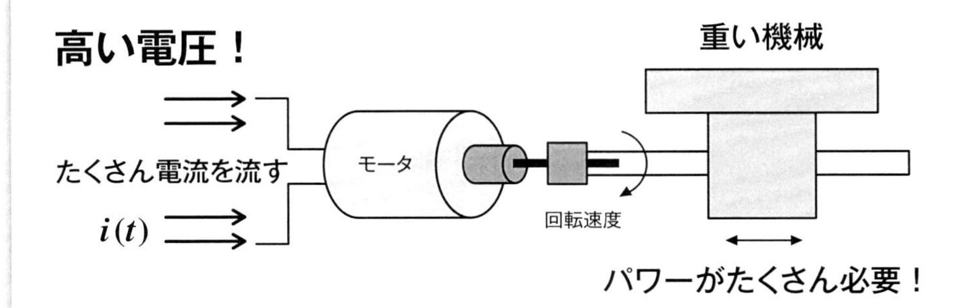

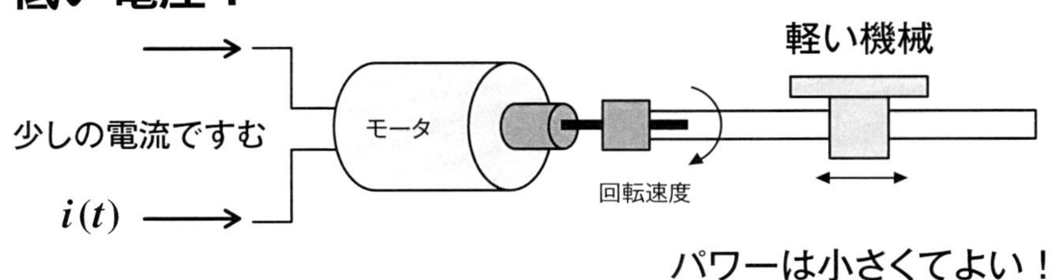

7 エレキ屋さんのおさらい：オームの法則

「オームの法則」は、エレキ屋さんの三種の神器と言われています。オームの法則は、電圧を高くすればするほど、電流はドバドバとたくさん流れ、その流れの幅は、抵抗を使って調節できるという唯一無二のルールがあります。抵抗は、「調整」として使うという考えがポイントです。

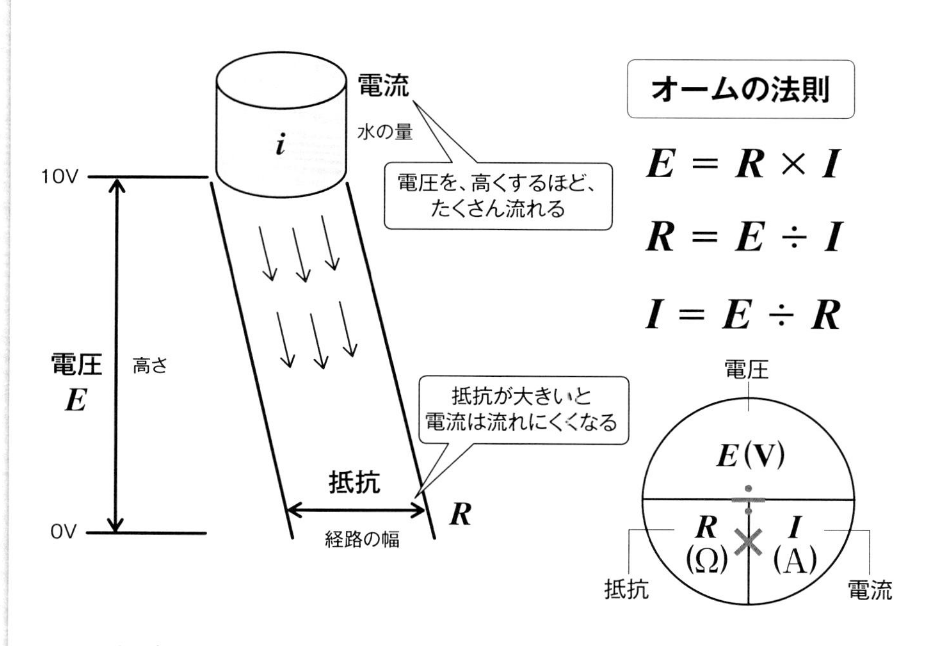

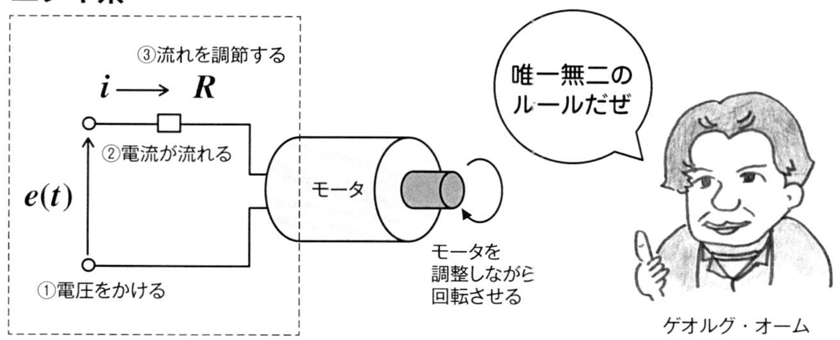

8 エレキ屋さんのおさらい：直流と交流

アクチュエータ（モータ）を動かすための電源には、直流と交流の2種類があります。直流の場合、プラス側からマイナス側に電流が流れますが、交流は、プラスとマイナスがありません。なぜ交流にマイナスとプラスがないのかと言うと、交流は周波数だからです。周波数は、時間の経過とともに、マイナスだったり、プラスだったりと入れ替わるという特性を持っています。駆動システムでは、電圧と周波数の両方の「入力」を使います。

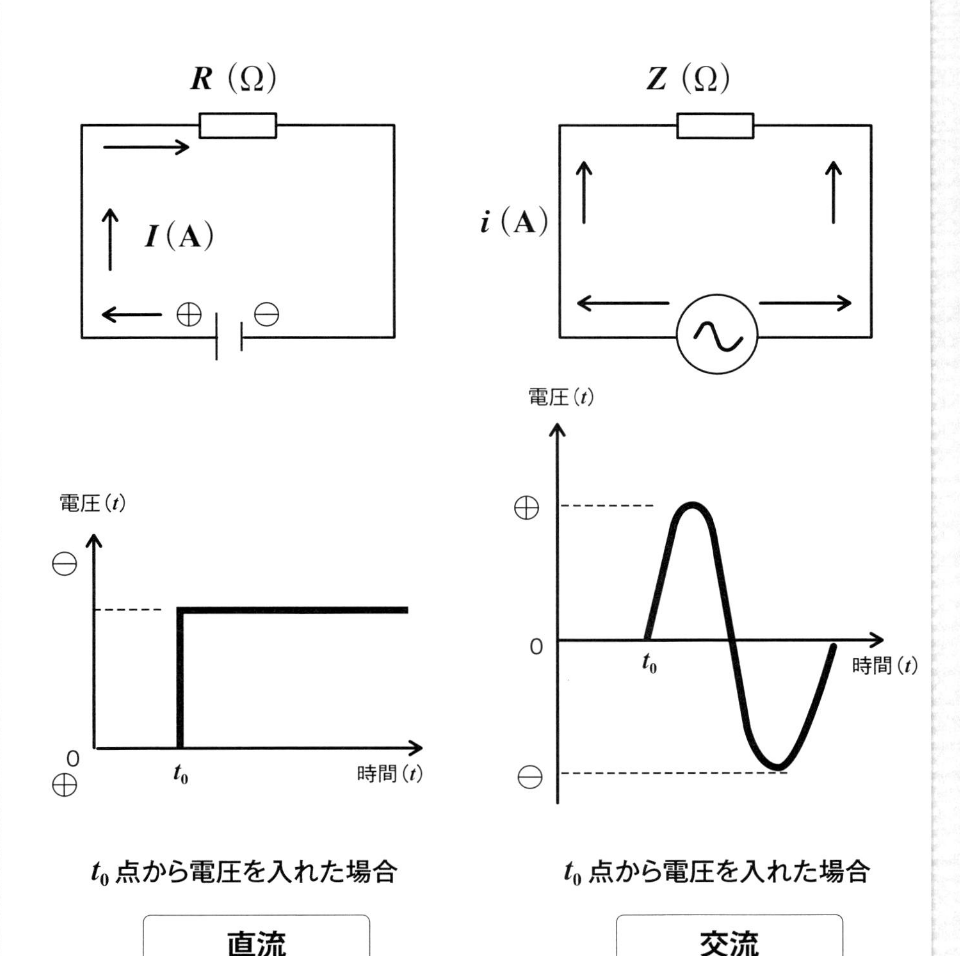

t_0 点から電圧を入れた場合

直流

t_0 点から電圧を入れた場合

交流

9 エレキ屋さんのおさらい：数学記号

エレキの世界では、直流の抵抗はそのまま抵抗（R）と呼び、交流の抵抗は「インピーダンス（Z）」と呼んでいます。インピーダンスには、抵抗のほかに「コイル」や「コンデンサ」という電子部品が含まれます。この2つは、上下に動く電流の流れを制限（調整）するアイテムとして、電子回路ではとても重要な役目を持っています。また、交流は、周波数（sin波、cos波）なので、三角関数が密接に関連する「複素数」という世界で表現されます（この後に説明します）。一方、直流は、コンデンサやコイルは必要ありません。単純に抵抗Rだけで調整します。本書では次章で使う、モデリングのため「オームの法則」と関係する直流と交流の数学記号を以下のように設定します。直流は大文字、交流は小文字とそれぞれ区別します。

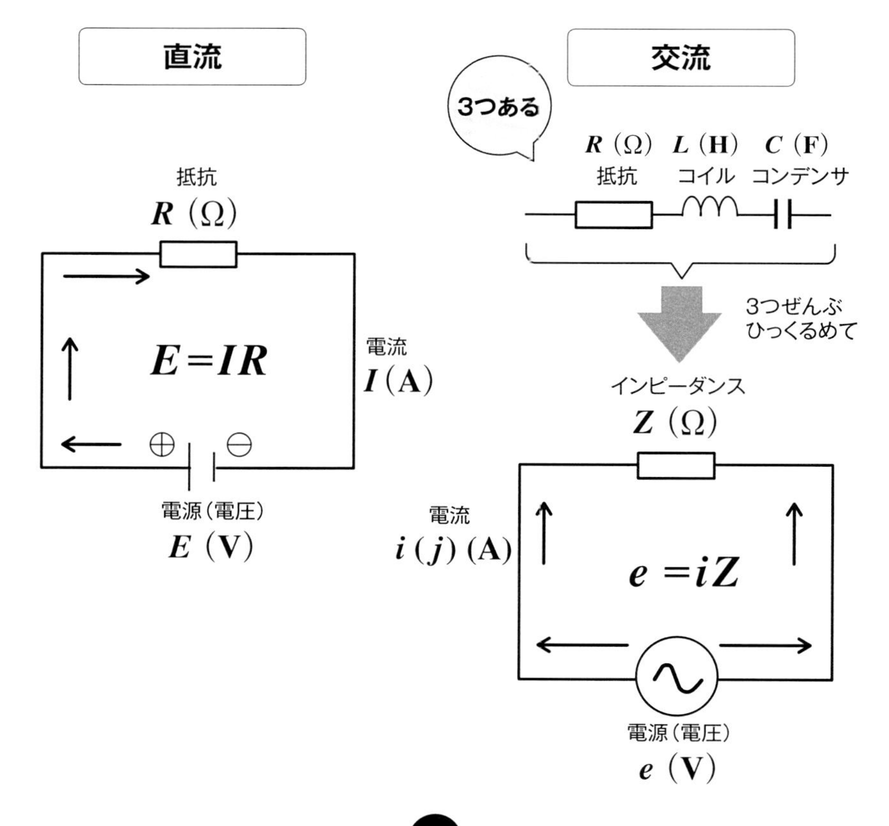

10 メカ屋さんのおさらい：負荷

エレキ屋（ソフト屋）さんから見たメカというのは、実は、電気的なエネルギーをガンガン消費する「塊（物体）」ととらえています。したがって、メカに関係するものを全部まとめて「負荷」と呼んでいます。また、負荷というのは、機械だけでなく、電気エネルギーを消費をするすべてのものが入りますので、たとえば、テーブルを移動させようとしたとき、それを妨げるように発生する「摩擦」や「空気抵抗」なども負荷です。

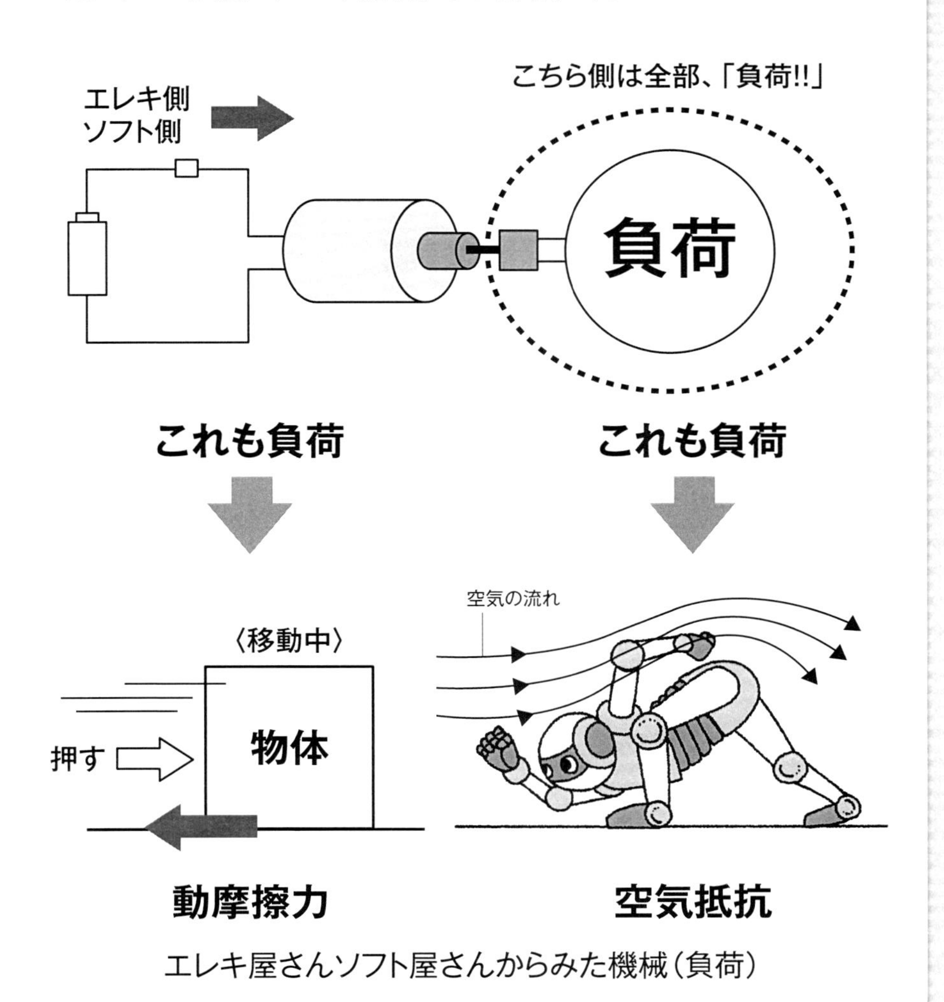

エレキ屋さんソフト屋さんからみた機械（負荷）

11 メカ屋さんのおさらい：直進運動と回転運動

さて、 機械を動かすというのは、「運動させる」ということです。機械には、２種類の運動パターンがあります。

アイザック・ニュートン

①直進運動　（水平垂直に、ある速度で進む）
②回転運動　（ある点を中心として、ある角速度で回る）

①と②は、有名なニュートンの「運動方程式」という公式で表されます。下式のように、直進運動も回転運動も力（トルク）の関係式で導かれます。制御工学では、運動方程式を機械系の基本にして、入出力関係のモデリングを行います。

直進運動

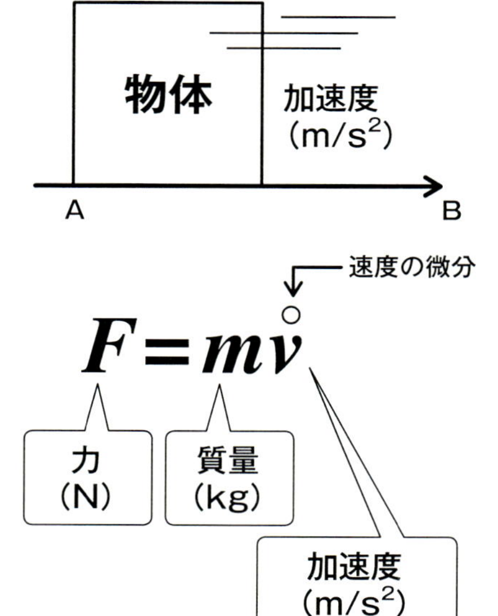

運動方程式
（AからBまで動くまでの問題を解く）

回転運動

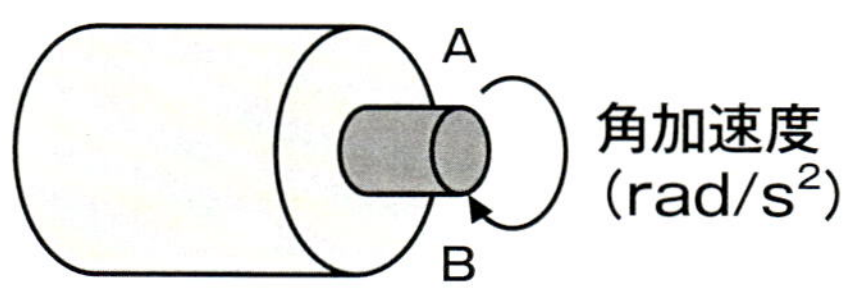

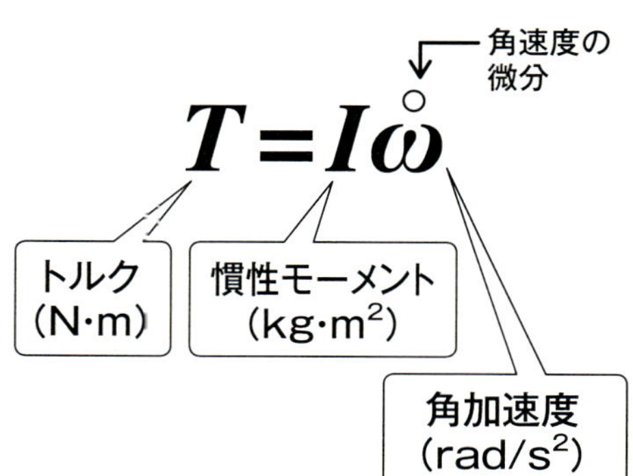

運動方程式
（AからBまで動くまでの問題を解く）

12 メカ屋さんのおさらい：直動系

メカ屋さんの三種の神器は、バネ、マス、ダンパです。機械は、必ず重さがあります。これをマス（質量）と呼びます。

あるマスをもった機械が動けば必ず振動が発生します。これをバネというもので表しています。そして、機械を止めるためには、振動を抑えるようにしなければなりません。

その役割がダンパです。これで機械の動きを表せます。

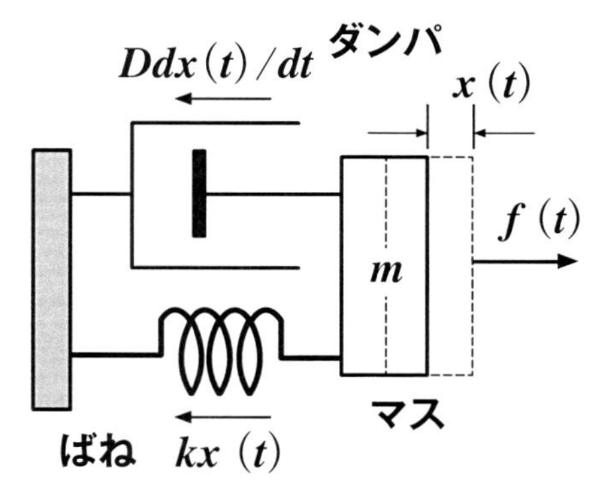

直動機械の例

物理法則の「同定」とは！

バネーマスーダンパ系は、ニュートンの運動方程式で表されます。マスmに働く力fと変位xの関係は、変位の時間微分が $\dot{x}$ であり、もう一度、微分した $\ddot{x}$ が加速度です。fとxは、時間とともに変化するけれど、mは変化しないので「定数」と呼びます。これを $\ddot{x}$ の係数と言います。係数を制御工学では、「パラメータ」と読んでいます。

ちなみに、mは質量なので、ハカリで量を量れば、数値が求まります。このように、直接計測してパラメータを決定する方法を「物理法則」に基づく「同定」と言います。

$$m\ddot{x} + c\dot{x} + kx = f$$

システムの「同定」とは！

また、$f = m\ddot{x}$ を変形すると、$m_{質量} = \dfrac{f_{力}}{\ddot{x}_{変位}}$ になるので、力と変位を計測して値を代入すれば、質量mを求めることができます。

このように、出力の測定データから入出力関係を導き出すことを「パラメータの同定」または、「システム同定」と言います。

13 メカ屋さんのおさらい：回転系

機械系には、モータやエンジンなど回転運動型のシステムがとても多くあります。回転体が動けば、空気や摩擦などによって、回転速度に比例した粘性抵抗が生じます。回転運動では、以下のような、ねじりバネ、慣性、粘性抵抗（ダンパ）の3つのパラメータで表されます。これらはみな、角速度ω（t）と深い関係があります。

直動系の場合　メカの三種の神器

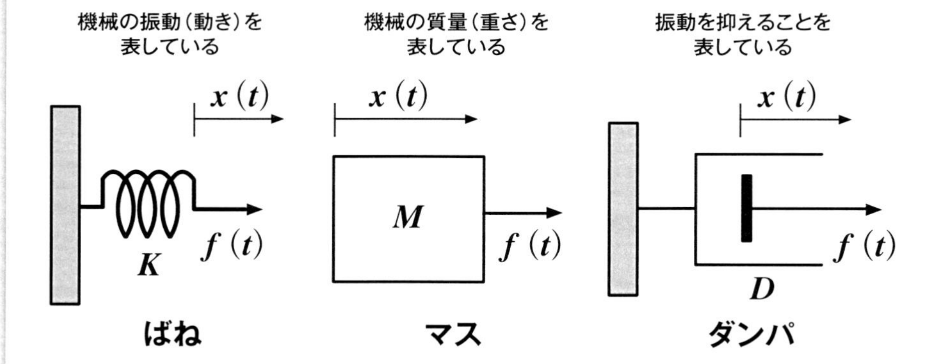

回転系の場合　メカの三種の神器

機械の振動（動き）を表している

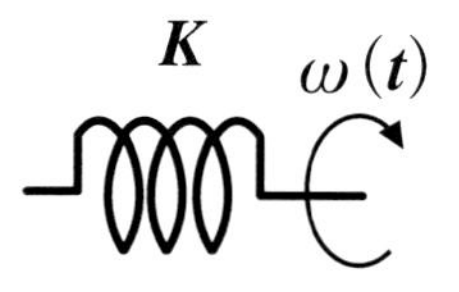

ねじりバネ（ばね定数）

機械の質量（重さ）を表している

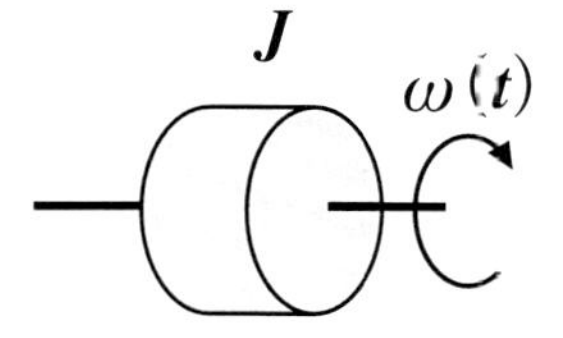

慣性（慣性モーメント）

振動を抑えることを表している

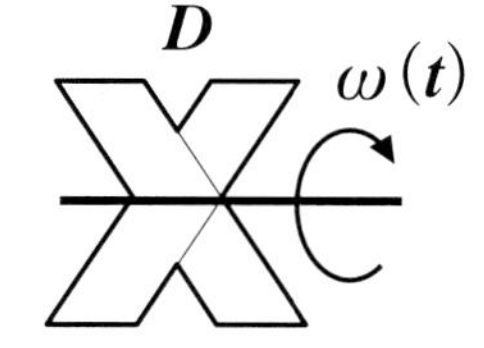

粘性抵抗（粘性抵抗係数）

※角速度ω=回転角度／所要時間

14 メカ屋さんのおさらい：比例定数

ここで、「比例定数」について理解しておきましょう。図のように、ある水道栓があったとして、水道栓の蛇口をひねると水が出るとします。ノブの回転角度が大きくなるほど（回せば回すほど）、水の出る量が多くなるといった比例関係にあります。このように、ノブの握りの回転角度（θ）を入力、水の出る量を出力yとしたときの関係は、

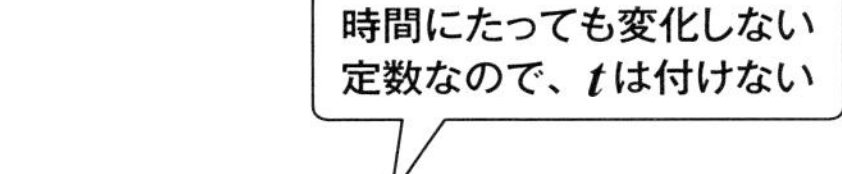

$$y(t) = K\theta(t)$$

という式で表すことができます。

蛇口の性能

この式で使うKが比例定数です。
またKは、ばね定数とも言います。
上記の関係を「フックの法則」と呼びます。

蛇口にも、モータにも、それぞれが持つ固有の性能（ノブの角度と水のでる量の関係や、電圧と回転数の関係）があります。グラフの傾きが比例定数です。

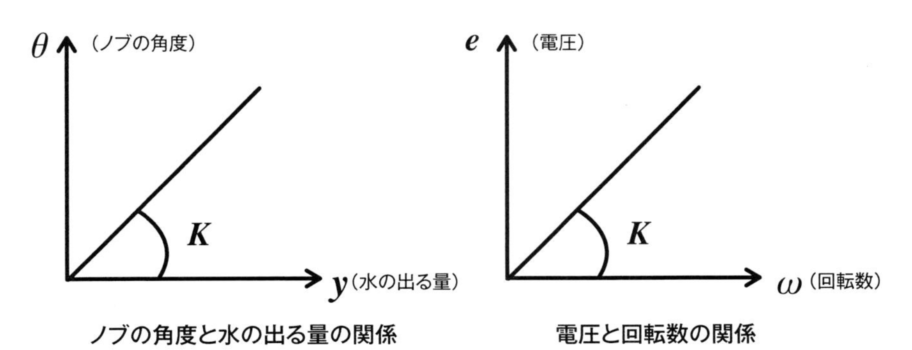

ノブの角度と水の出る量の関係　　電圧と回転数の関係

15 エレキ屋とメカ屋のおさらい(まとめ)

メカとエレキのルールと構成についてもう一度確認してみましょう。

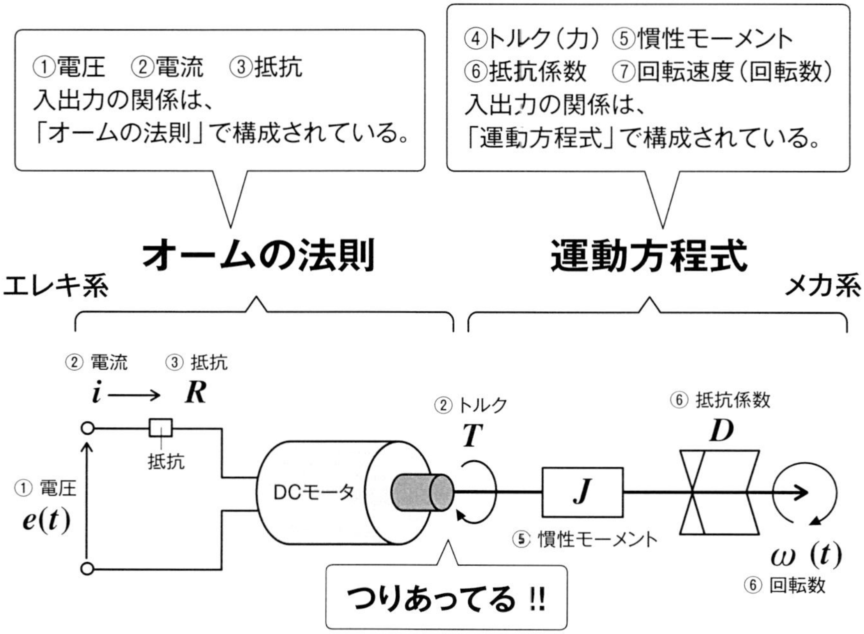

J 参考までに(慣性モーメント)

ものを動かしたり、止めたりするときは、重いほど(質量が大きいほど)、慣性が働いて、回転させたり、止めるするのに大きな力がいる。実際には、同じ重さでも、形状によって、それぞれ違った慣性モーメントが働くため、回転数をコントロールするために必要な力も異なってくる。回転系では、慣性モーメントは重要な項目として位置づけられている。

D 参考までに(抵抗係数)

ものを動かすということは、空気に逆らって動くということ。つまり、抵抗が発生する。回転が速くなるほど、抵抗も大きくなるので、重要な項目として位置づけられている。抵抗係数というのは、ある回転速度で回転したとき、どうなるかということを表したもの。

16 やってみよー！ エレキ屋の世界のモデリング

物理現象を数式で表すというのが制御工学でいうモデリングです。

ここでは、駆動システムを物理の法則に従って、数式モデルを立てていく流れを説明します。次章のラプラス変換や伝達関数へ進むためにもモデリングは重要なので、しっかりと理解していきましょう。

まずはじめに、「式を立てる」というのは、オームの法則でいうと、E=IRと記述されるように、E側とIR側を**「＝（イコール）で結ぶ」**という作業をしていきます。式を立てられるということは、各パラメータの関係性が明らかになっていると言えます。そこで、まずはエレキ（電圧）、次に、メカ系（回転数）、最後に、エレキ（入力）とメカ（出力）をイコールで結んでいきましょう。

まずは、エレキ系において、「電圧」が影響する部分に注目します。「電圧」は、システムの入力に関わるものです。

モータを動かすための電圧は、以下の3つが関わっています。

(a) 部の電圧　(大もとの電圧)

(b) 部の電圧　(抵抗にかかる電圧)

(c) 部の電圧　(モータにかかる電圧)

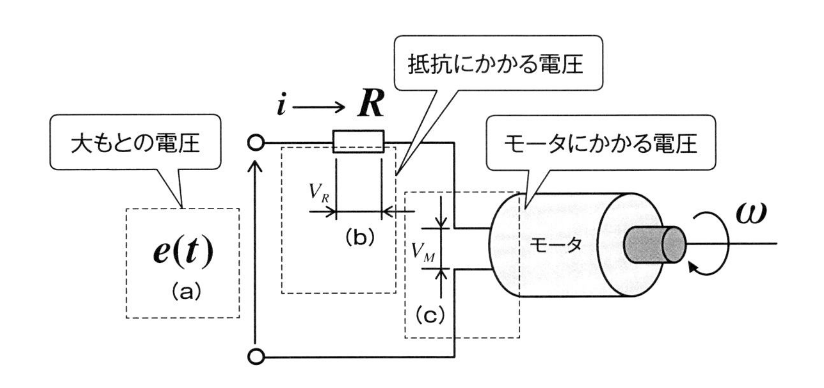

では、さっそく（a）部について式を作ります。（a）部は、システムへ入力する大きな元の電圧です。したがって、（a）の電圧は、抵抗部にかかる小さな電圧（b）V_R とモータ部にかかる小さな電圧（c）V_M の合計になります。よって、式は、以下のようになります。

（a）＝（b）＋（c）
元の電圧　抵抗部の電圧　モータ部の電圧

$$e(t) = V_R(t) + V_M(t) \cdots\cdots ①式$$

※ (t) はそれぞれ時間ごとで変化するよ！ という意味

次に、抵抗の（b）部に注目してみましょう。

（b）にかかる電圧 V_R というのは、オームの法則（$E = IR$）を使って、以下のように、イコールで結ぶことができます。

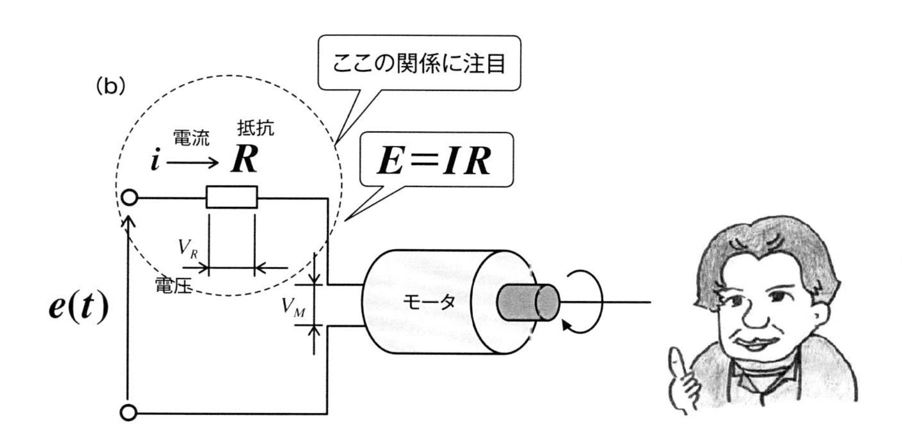

$$V_R(t) = i \times R \cdots\cdots ②式$$

はい、おめでとうございます。①式と②式ができました。

最後に（C）部に注目してみましょう。DCモータの消費する電圧V_Mは、モータ軸の回転数、つまり、角速度ωと比例関係にあるので、こちらもイコールで結べます。また、モータには個体差があるので、それぞれのモータの性能を表す比例定数Kをかけ合わせます。

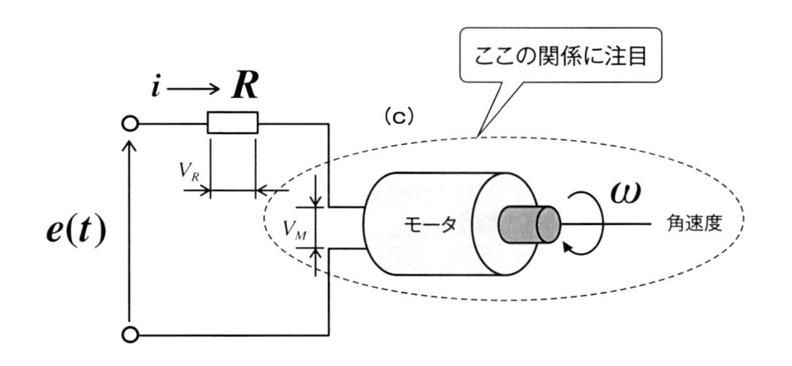

$$V_M(t) = K \times \omega \quad \cdots\cdots ③式$$

はい、おめでとうございます。③式ができました。

モータのデータ

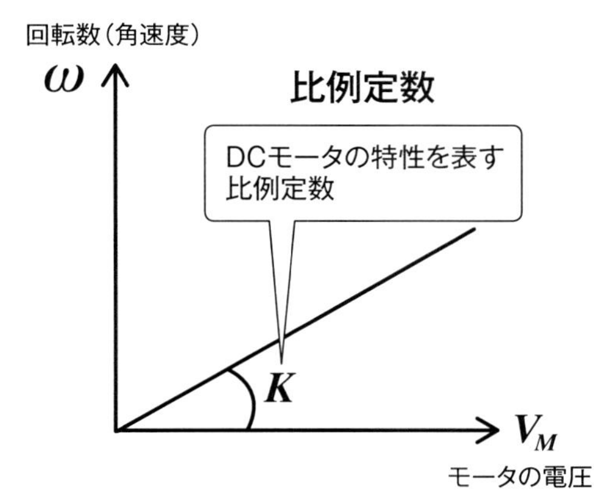

17 やってみよー！メカ屋の世界のモデリング

メカの式を立てるために、もういちどパラメータを整理しておきましょう。

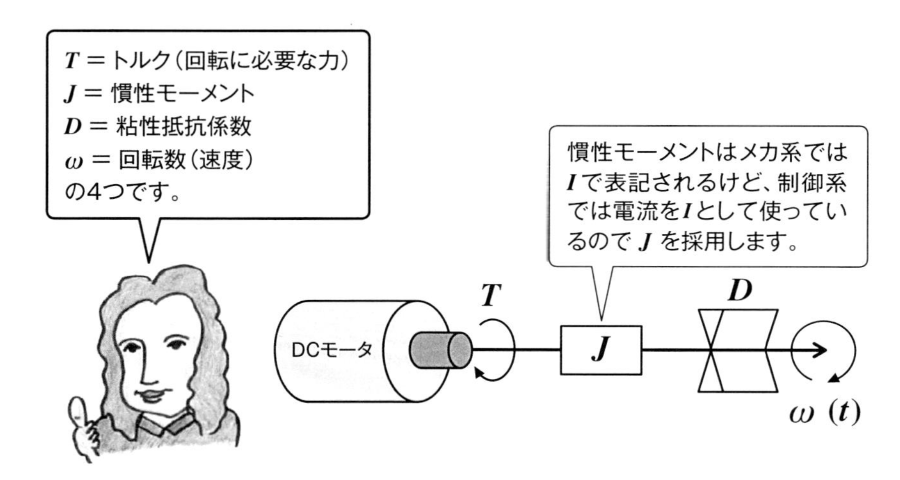

まず、モータを回転させるために必要なトルクに注目しましょう。
これは、ニュートンの「運動方程式」により、次式で表すことができます（P110を参照して下さい）。

$$T = J \times \dot{\omega}(t)$$

実際の駆動システムは、抵抗係数が小さければトルクは小さくなり、大きければトルクは大きくなる（抵抗係数が増える）というように、角速度に対して抵抗係数が変わります。そこで、粘性抵抗係数（D）と角速度（$\omega(t)$）を掛け合わせたパラメータを上式に足します。

$$T(t) = J \times \dot{\omega}(t) + D\omega(t) \quad \cdots\cdots ④式$$

はい、おめでとうございます。④式ができました。メカはこれだけです！

18 単位系の等価変換によるモデリング

エレキとメカの式がそれぞれ整ったところで、最後に、入力側のエレキと出力側のメカをイコールで結びます。そこで登場するのが「エネルギー保存の法則」です。エネルギーの法則とは､いわゆる「つりあい」を表すものです。ここで考えてみましょう。①電気がなければ機械の仕事はできない。②電気というエネルギーがあって、機械の仕事が成立する。③機械を動かせば、その分、電気のエネルギーは消費する。つまり、④電気エネルギーは、機械エネルギー（仕事）に変換できる。そして、⑤エネルギーの形態が変わっても､その総量は変化しない。**「エネルギー（エレキ）の変化は仕事（メカ）の変化に等しい」**ということ。これが、エネルギー保存の法則の大事な概念です。

【運動の第１法則】

静止している物体は、力が加えられない限り静止し続け、運動している物体は、そのまま等速直線運動を続ける。

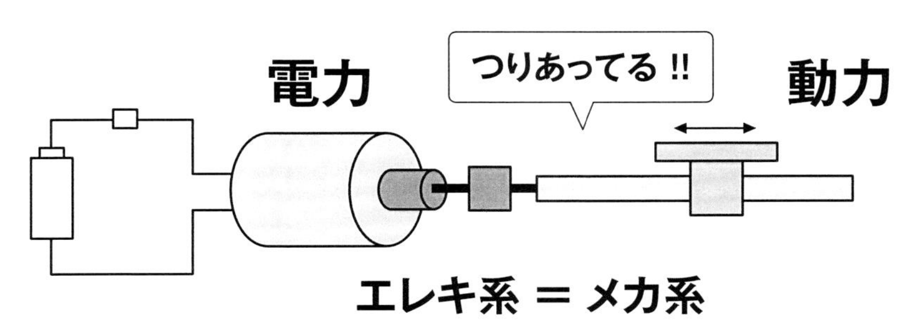

動いていないときは「電力」と「動力」がつりあっている

エネルギー保存の法則

エネルギー保存の法則を使って、エレキ側とメカ側をイコールで結んでみます。ポイントは、メカ、エレキの共通にある電力と動力の出力です。

動力の関係を作ると、以下のようになります。

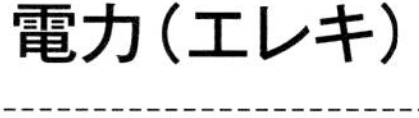

出力

$$W = E \times I$$

動力（メカ）

出力

$$W = T \times \omega$$

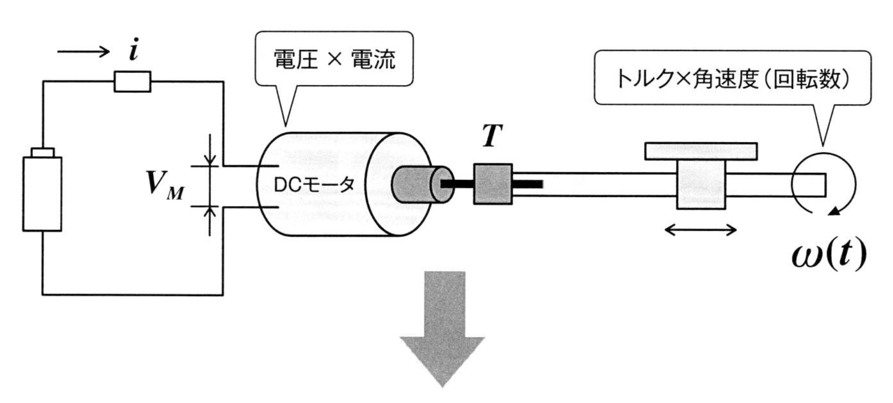

エネルギーの変化は仕事の変化と等しい。

$$E \times I = T \times \omega$$

つまり、

$$V_M \times i(t) = T \times \omega(t) \cdots\cdots\cdots\cdots ⑤式$$

はい、おめでとうございます。⑤式ができました。

これで、駆動システムのモデリングは、終了です。

次は、数式モデルを使って、ラプラス変換と伝達関数にチャレンジしてみましょう。

第 7 章

実践式で理解しよう「ラプラス変換」と「伝達関数」

1 はじめに

前章で下ごしらえをしたモデリング（数式モデル）を使って、ラプラス変換の世界や伝達関数の導出・ブロック図の成り立ちについて「実践的」に説明します。下図の①は、ＤＣモータを用いた駆動システムの簡略図です。エレキ系では、電圧、抵抗、電流があり、メカ（回転系）では、トルク、角速度（回転数）、慣性モーメント、粘性抵抗係数が記述されています。このシステムを②のような伝達関数を使ったブロック線図に、手順を追いながらまとめていきます。

① リアルな世界

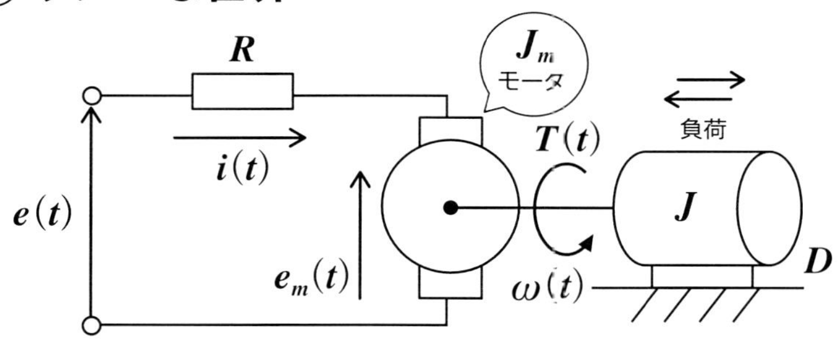

DCモータを用いた駆動システム
簡略図

② ラプラスの世界

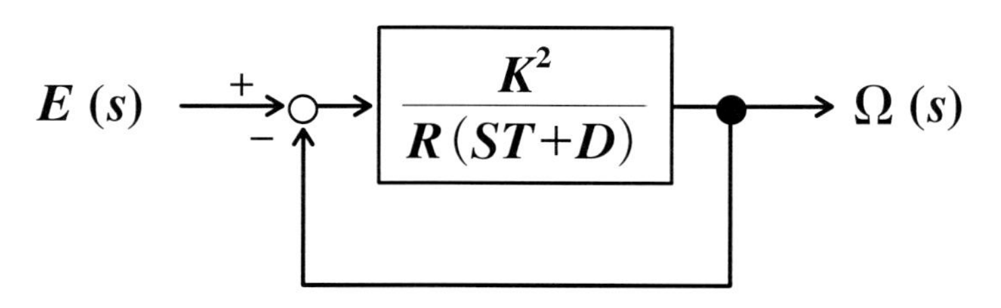

DCモータを使った駆動システム
ブロック線図

2 伝達関数の必須道具「ラプラス変換」

エレキとメカの数式モデルが整ったところで、いよいよ伝達関数の基礎となるラプラスさんの世界へいざなっていきます。まず、通常、数学モデルは時間に関する式で、多くの「微分」を含んでいます。例えば、メカの代表の自動車は速度、ロボットは変位を制御しますが、これらの運動方程式はみな「微分」を含んでいます。またエレキ系のモータは、回転速度が電流の「微分」に関係しています。しかし、ブロック線図は、「かけ算」と「引き算」しかとりあつかえないというルールがあります。したがって「微分」を扱うことができません。そこで、「ラプラス変換」という必殺道具が制御工学のポケットから出てきます。ラプラス変換は、Sと呼ばれる世界へいざなうと、微分を「かけ算」に変換できちゃいます。例えば、小難しい微分はsに，積分は1/sに置き換わります。

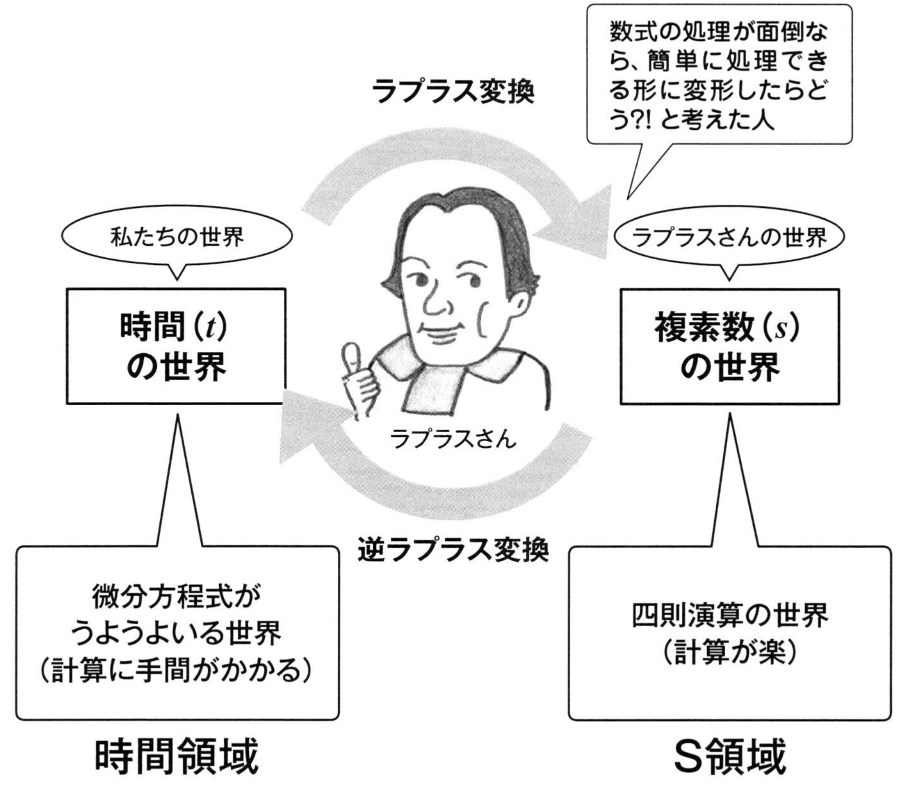

3 時間（t）と複素数（s）って何者なの？

制御工学では、エレキやメカなどの物理現象がどう変化するのかを観察します。観察には大事な2つの視点があります。一つは、「時間」という視点で、時間の経過とともに、物理現象がどのように変化していくのかを観察します。もう一つは、「周波数」という視点です。周波数は、物理現象がどのような周波数成分を含んでいるのかを観察します。時間の視点から観察したときを「時間領域」と言い、周波数の視点から観察したときを「周波数領域」と言います。時間領域の情報を「関数」として扱う場合、その変数には、（t）が用いられ、周波数領域では、角周波数（ω）や周波数（f）が用いられます。システムには、時間領域でわからない現象も、周波数領域で見るとわかりやすいケースが非常に多くあります。もちろん、その逆もあります。そこで、時間領域を周波数領域に変換したり、その逆を求めて観察するわけです。それを得意とするのが、「フーリエ変換」です。時間領域から周波数領域への変換をフーリエ変換と言い、周波数領域から時間領域に変換することを逆フーリエ変換と言います。実は、ラプラス変換は、フーリエ変換の一種で、時間領域を、計算しやすいs領域に変換します。（詳しくは、9章で説明します）

ラプラス変換の7つのお約束事

ラプラス変換は、現実のややこしい時間の世界を計算しやすいように、s 領域の世界へもっていくという道具です。道具を使うには、知っておくべきいくつかのお約束があります。

★①たし算・ひき算・定数は、そのまま維持できる
★②指数関数は、平行移動になる
★③微分はsとのかけ算になる
★④積分は、$1/s$ 倍になる
★⑤変換後の関数は大文字にする

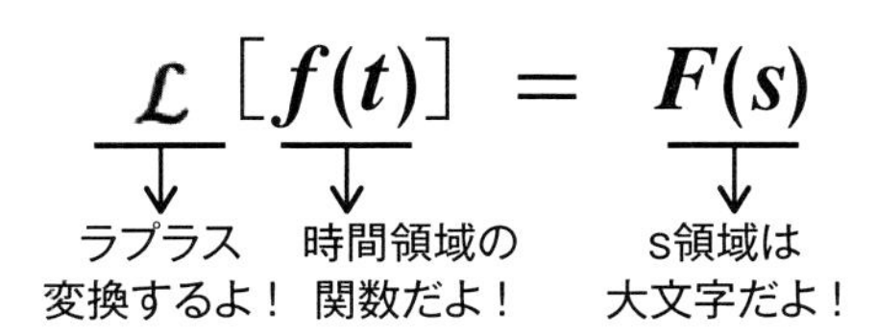

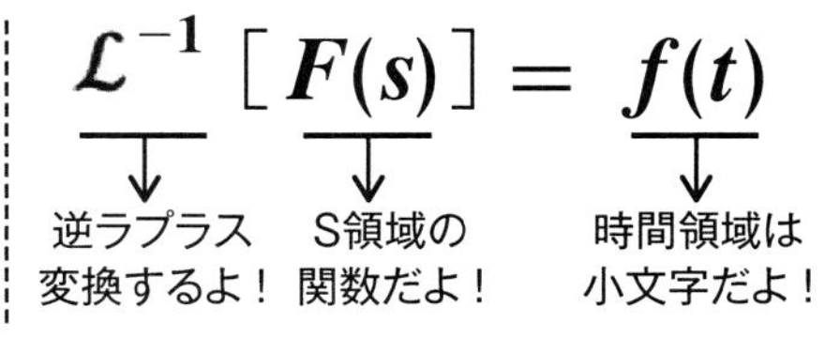

★⑥ラプラス変換には公式がある

$$\mathcal{L}[f(t)] = \int_0^{\infty} f(t)e^{-st}\mathrm{d}t$$

これは、収束因子と言って、積分結果を収束させるためのおまじない！

ラプラス変換は時間の関数にexp(-st)を掛けて時間について定積分（無限積分）します

計算するとこんな感じ

$$\begin{aligned}\mathcal{L}(1) &= \int_0^{\infty} 1 \cdot e^{-st}\,\mathrm{d}t \\ &= \left[-\frac{1}{s}e^{-st}\right]_0^{\infty} \\ &= \lim_{t\to\infty}\left(-\frac{1}{s}e^{-st}\right) + \frac{1}{s} \\ &= \frac{1}{s} \quad (s > 0)\end{aligned}$$

★⑦ラプラス変換には変換表がある

技術屋ならば、
あるものを使おう！
どんどん利用しよう。

ラプラス変換の換算表と基本法則

よく使われているラプラス変換の対応表を次に示します。

①主要関数のラプラス変換

よく使う関数のラプラス変換

時間関数 $f(t)$	ラプラス変換 $F(s)$
$\delta(t)$	1
$1(t)$	$\frac{1}{s}$
t	$\frac{1}{s^2}$
t^n	$\frac{n!}{s^{n+1}}$
e^{-at}	$\frac{1}{s+a}$
$\sin at$	$\frac{a}{s^2+a^2}$
$\cos at$	$\frac{s}{s^2+a^2}$

②ラプラス変換の性質（基本法則）

制御工学で、過渡応答や周波数応答を観測するときに使うラプラス変換

性　質	時間信号 $f(t), g(t)$	ラプラス変換 $F(s), G(s)$
線形性	$af(t)+bg(t)$	$aF(s)+bG(s)$
縮小・拡大	$f(at)$	$\frac{1}{a}F(\frac{s}{a})$ $(a>0)$
時間推移	$f(t-a)$	$e^{-as}F(s)$
複素推移	$e^{-at}f(t)$	$F(s+a)$
微分信号	$\frac{df(t)}{dt}$	$sF(s)-f(0)$
複素微分	$-tf(t)$	$\frac{dF(s)}{ds}$
積分信号	$\int_{-\infty}^{t} f(\tau)d\tau$	$\frac{1}{s}F(s)$
たたみ込み	$\int_0^t f(t-\tau)g(\tau)d\tau$	$F(s)\cdot G(s)$

5 数式モデルをラプラス変換へいざなう

それでは、エレキとメカの数式モデル①～⑤までをラプラス変換してみましょう。やり方は、簡単です。ラプラス変換のお約束を守って、時間領域からラプラスの世界（*s*領域）へいざない、大文字に置き換えていくだけです。また、時間領域では（*t*）でしたが、ラプラスの世界へいざなうと（*s*）になるので、注意しましょう。

エレキ系の数式モデル

時間領域の世界（P116）

$$e(t) = V_R(t) + V_M(t) \cdots\cdots ①式$$

小文字　リアルの世界（時間）

S領域の世界

$$E(s) = V_R(s) + V_M(s) \cdots\cdots ①'式$$

小文字　リアルの世界（時間）　大文字そのまま

はい！ラプラスさんの世界へと、いざないました。

エレキ系の数式モデル

時間領域の世界（P116）

$$V_R(t) = R \times i(t) \cdots\cdots ②式$$

ラプラス変換

S領域の世界

$$V_R(s) = R\,I(s) \cdots\cdots ②'式$$

抵抗のRは時間では変化しないのでそのまま大文字

時間領域の世界（P117）

$$V_M(t) = K \times \omega \cdots\cdots ③式$$

ラプラス変換

S領域の世界

$$V_M(s) = K\Omega(s) \cdots\cdots ③'式$$

比例定数のKは時間が経っても変わらないのでそのまま。

メカ系の数式モデル

時間領域の世界（P118）

微分がでてきたらラプラスさんの本領発揮

$$T(t) = J \times \dot{\omega}(t) + D \times \omega(t) \cdots\cdots ④式$$

ラプラス変換

P125
お約束①と③
を使いましょう

S領域の世界

$$T(s) = S \cdot J\Omega(s) + D\Omega(s) \cdots\cdots ④'式$$

※お約束事のルール③番

上記の式をΩでまとめる

$$T(s) = (SJ + D)\Omega(s) \cdots\cdots\cdots\cdots ④''式$$

回転数（出力）は後ろ（出力側）に
配置してまとめておきます。

エレキとメカ「エネルギー保存の法則」の数式モデル

時間領域の世界

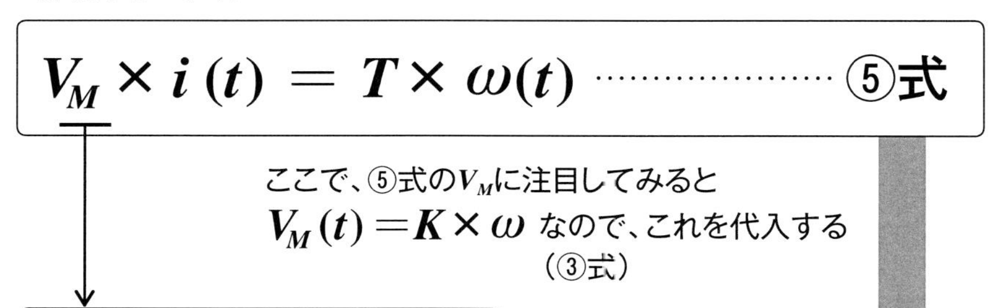

$$V_M(t) = K\omega \quad ③式$$

$$K\not{\omega} \times i(t) = T \times \not{\omega}(t)$$

DCモータの特性では、電流（i）とトルク（T）が比例の関係である。

$$K \times i(t) = T(t) \quad ⑥式$$

ラプラス変換

S領域の世界

$$KI(s) = T(s) \quad ⑥'式$$

ここで、ラプラス変換した⑥式を電流の式に変換する！

時間領域の世界

$$KI(s) = T(s) \cdots\cdots ⑥'式$$

電流 I の式に移行してみよう

$$I(s) = \frac{1}{K}T(s) \cdots\cdots ⑦'式$$

ここに、ラプラス変換した④''式の

$T(s) = (SJ+D)\,\Omega(s)$

を入れて式をまとめる。

$$I(s) = \frac{1}{K}(SJ+D)\,\Omega(s) \cdots\cdots ⑧'式$$

はい！ラプラスさんの世界へ全部、いざないました。
おめでとうございます。

6 いざなったラプラス変換のまとめ

ラプラス変換した式をまとめてみましょう。

エレキ系の数式モデル

①'式　$E(s) = V_R(s) + V_M(s)$

②'式　$V_R(s) = RI(s)$

③'式　$V_M(s) = K\Omega(s)$

メカ系の数式モデル

④''式　$T(s) = (SJ+D)\Omega(s)$

メカとエレキ（エネルギー保存の法則）数式モデル

⑥'式　$KI(s) = T(s)$　⑤式から⑥式へ変換したもの

⑧'式　$I(s) = \dfrac{1}{K}(SJ+D)\Omega(s)$

電流を求める式に変換したもの

さて、いよいよラプラス変換から伝達関数を求めていきます。入力と出力の関係をどのようにまとめるのか、おさえていきましょう。

入力 $E(s)$ → 伝達関数 → $\Omega(s)$ 出力

電圧　　　　　　回転数

7 駆動システムの伝達関数の求め方

それでは、駆動システムの伝達関数をＳＴＥＰを踏みながら求めてみます。

STEP1（ルール説明）

ブロック線図では、入力から出力に向かって伝達要素を求めていく方法や出力と入力を入れ替えて求める方法など、さまざまなアプローチがあります。ここでは、出力（回転数）から入力（電圧）を知るために、信号を逆にして求めていきます。

？ 入力 $E(s)$ ← …… ← $\Omega(s)$ 出力

電圧　　　　回転数

STEP2（ルール説明）

次に、記号に（s）がついているものは、信号として処理し、伝達関数の箱の外に出します。箱の中に入れるものは、（s）がついていないものに限るというルールです。

例えば、④" 式についてのブロック線図で伝達関数は以下のようになります。

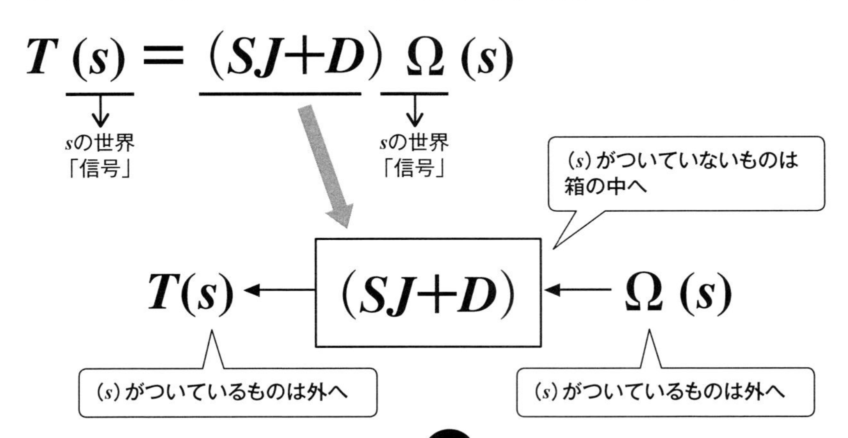

STEP3

では、さっそくはじめます。まず、出力がメカ側の回転数なので、出力Ω に関係するメカの式に注目します。そして、④"式をピックアップします。ここで、出力側から入力側に向かって求めるので、出力が入力、入力が出力となります。(s) のつくものは、信号なので箱の外に出します。

$$T(s)=(SJ+D)\,\Omega(s) \quad ④''式$$

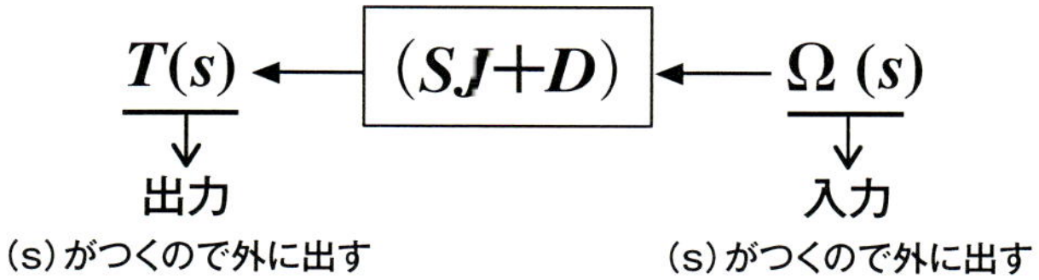

$T(s)$ ← $(SJ+D)$ ← $\Omega(s)$

$T(s)$：出力（s）がつくので外に出す
$\Omega(s)$：入力（s）がつくので外に出す

STEP4

次に、STEP3で求めた$T(s)$ に注目します。$T(s)$ は、出力ですが、次のステップでは、出力が入力となります。そして、$T(s)$ と関係のある式を探します。はい、⑥'式に見つけました。

$$KI(s)=T(s) \quad ⑥'式$$

STEP3の$T(s)$ に⑥'式を代入してみましょう。

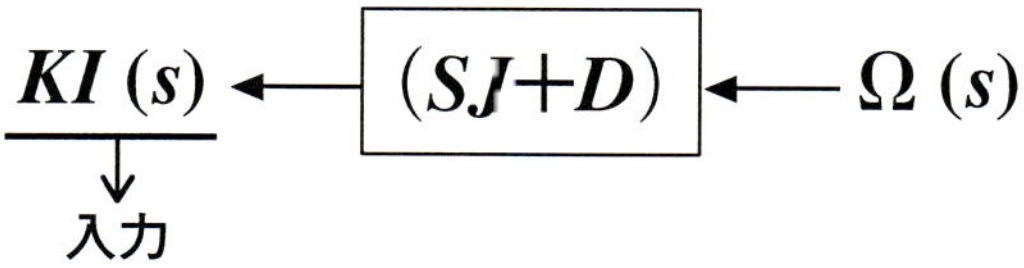

$KI(s)$ ← $(SJ+D)$ ← $\Omega(s)$

$KI(s)$：入力

STEP5

ここで後ろに (s) がついているIを電圧（入力）側へとつなぐため、信号として外に出します。つまり、「$I(s)$ =…」となるように、まずは⑥'式を変換します。

$$I(s)=\frac{1}{K}T(s)$$

変換した式をブロック線図にあてはめます。

$$I(s) = \frac{1}{K}\underline{T(s)} \leftarrow \boxed{(SJ+D)} \leftarrow \Omega(s)$$

入力

そして、T（s）を入力として、伝達関数になおしてみましょう。

$$I(s) \leftarrow \boxed{\frac{1}{K}} \leftarrow T(s) \leftarrow \boxed{(SJ+D)} \leftarrow \Omega(s)$$

※ (s) がつくものは外に出す

はい、できました。

STEP6

ＳＴＥＰ５で求めた$I(s)$ に注目します。出力が入力となるので、$I(s)$ に関係する式を探すと、はい②'式に見つけました。

$$V_R(s) = RI(s) \quad ②'式$$

②'式を伝達関数の箱にしてみましょう。

$$V_R(s) \leftarrow \boxed{R} \leftarrow I(s) \leftarrow \boxed{\frac{1}{K}} \leftarrow T(s) \leftarrow \boxed{(SJ+D)} \leftarrow \Omega(s)$$

※ (s) がつくものは外に出す

はい、できました。

STEP7

同じく、STEP6の$V_R(s)$ に注目します。出力が入力なので、$V_R(s)$ の関係する式を探すと、はい①'にありました。

$$E(s) = V_R(s) + V_M(s) \quad ①'式$$

①式を「$V_R(s) =$ …」の式となるように変換して代入してみましょう。

$$V_R(s) = E(s) - V_M(s)$$

はい、できました。

さて、今までは、積（掛け算）の式を伝達関数の箱に置き換えてきました。しかし、今回の式をよく見ると、$E(s)$ と V_M（s）の2つの項に分かれていて、しかも、符号は、引き算になっています。

$$V_R(s) = \boxed{E(s)} - \boxed{V_M(s)}$$

項　　項

引き算

引き算の式は、「2つに分岐」するという意味があります。さらに、2つの項とも（s）がついているので、伝達関数の箱から外へ出しますが、このとき、マイナスがつくものは下側へ、プラスのものは入力側へと分岐します。

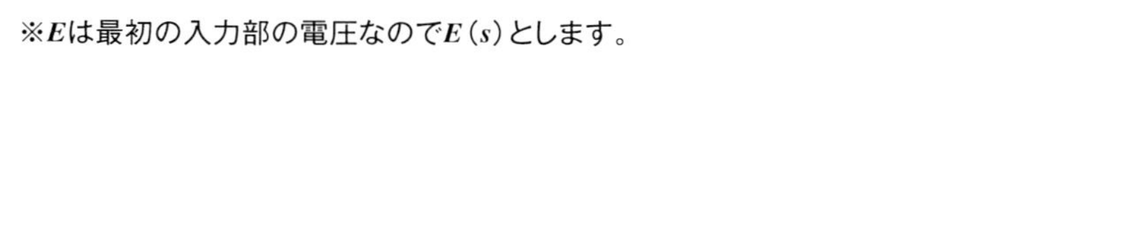

$$E(s) \leftarrow \boxed{V_R(s)} \leftarrow \boxed{R} \leftarrow I(s) \leftarrow \boxed{\frac{1}{K}} \leftarrow T(s) \leftarrow \boxed{(SJ+D)} \leftarrow \Omega(s)$$

$E(s)$ ↓ 出力

$V_R(s)$ ↓ $\boxed{-V_M(s)}$

$\Omega(s)$ ↓ 入力

※Eは最初の入力部の電圧なので$E(s)$とします。

STEP8

ここで、マイナスとして、下側に引き出した$-V_M(s)$に注目します。これまでと同様に、$-V_M(s)$が関係する式を探します。

はい、③'式にありました。

$$V_M(s) = K\Omega(s) \quad \text{③'式}$$

ただし、③'式の$V_M(s)$は、マイナスの符号がついていないので、次のように、式を変換します。

$$-V_M(s) = -K\Omega(s)$$

上式を伝達関数の箱にしてみましょう。

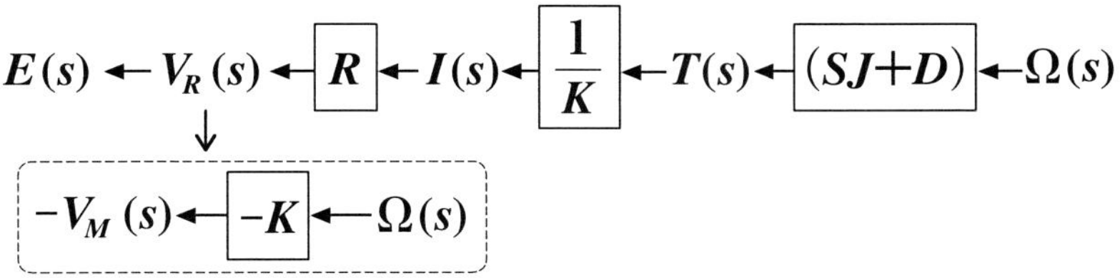

$E(s) \leftarrow V_R(s) \leftarrow \boxed{R} \leftarrow I(s) \leftarrow \boxed{\frac{1}{K}} \leftarrow T(s) \leftarrow \boxed{(SJ+D)} \leftarrow \Omega(s)$

$\downarrow$

$-V_M(s) \leftarrow \boxed{-K} \leftarrow \Omega(s)$

はい、できました。

STEP9

ここまでの伝達関数を一度、整理してみましょう。出力のΩ(s)とSTEP8のΩは同じなので、以下のように結ぶことができます。

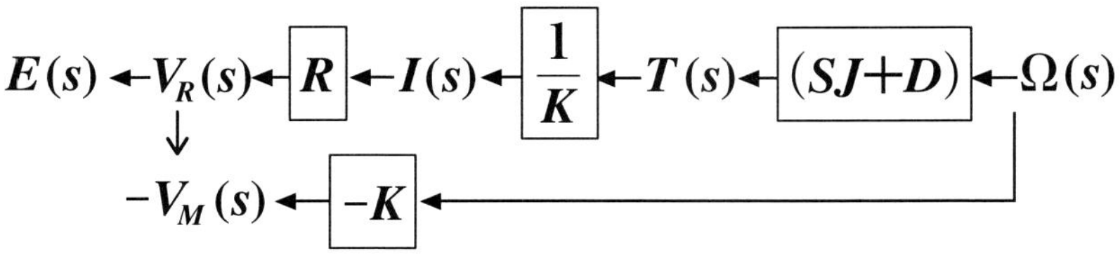

$E(s) \leftarrow V_R(s) \leftarrow \boxed{R} \leftarrow I(s) \leftarrow \boxed{\frac{1}{K}} \leftarrow T(s) \leftarrow \boxed{(SJ+D)} \leftarrow \Omega(s)$

$\downarrow$

$-V_M(s) \leftarrow \boxed{-K} \leftarrow$ (Ω(s)から)

STEP10（ルール説明）

ここで、2つのルール説明をします。伝達関数では、$T(s)$ や$I(s)$ などの (s) がつく関数は、途中の信号を表しているだけなので、入力と出力には直接影響がないものとみなされます。そこで、入力と出力以外で、(s) がつく信号は全部消していき、伝達関数の箱のだけをピックアップします。

$E(s)$ ← $V_R(s)$ ← R ← $I(s)$ ← $\frac{1}{K}$ ← $T(s)$ ← $(SJ+D)$ ← $\Omega(s)$

※ ↓ $-V_M(s)$ ← $-K$ ← $\Omega(s)$

※部の矢印の方向が下向き（↓）から上向き（↑）のフィードバック状態になると、マイナスだったものがプラス符号になります。

上記の内容をまとめてみると、以下のような伝達関数になります。

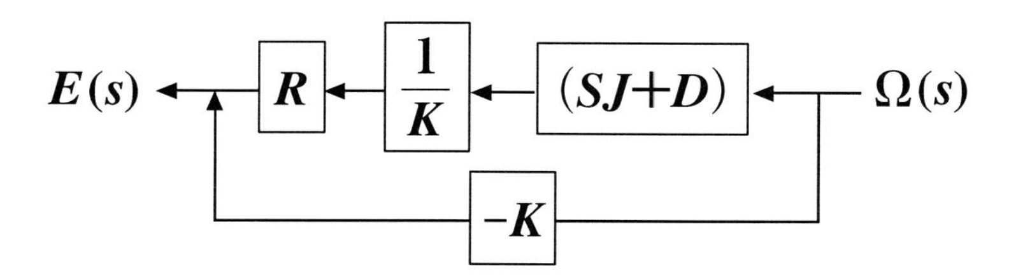

見やすくするために、上段を5章で説明した「等価変換」をしましょう。

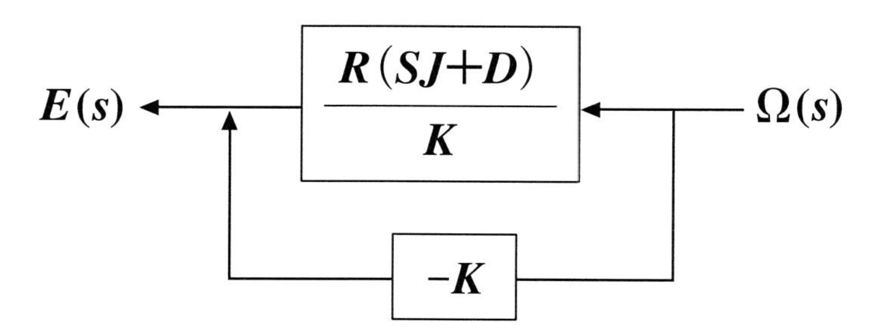

STEP11　出力と入力を逆にする！

これまでは、メカ側の出力$\Omega(s)$ からエレキ側の入力$E(s)$ へ向かってブロック線図を作りました。しかし、基本的に伝達関数は、入力に対する出力を求めるものなので、逆の方向に置き換えていきます。

そのとき、注意するべきルールは、以下の4つです。

①入力から出力に向かう場合、矢印の向きの方向を ←から →へ変える
②分数がある場合、分母と分子が逆になる
③フィードバックの矢印の向きは、そのままの状態
④伝達要素のマイナスの記号は、分岐点に出す

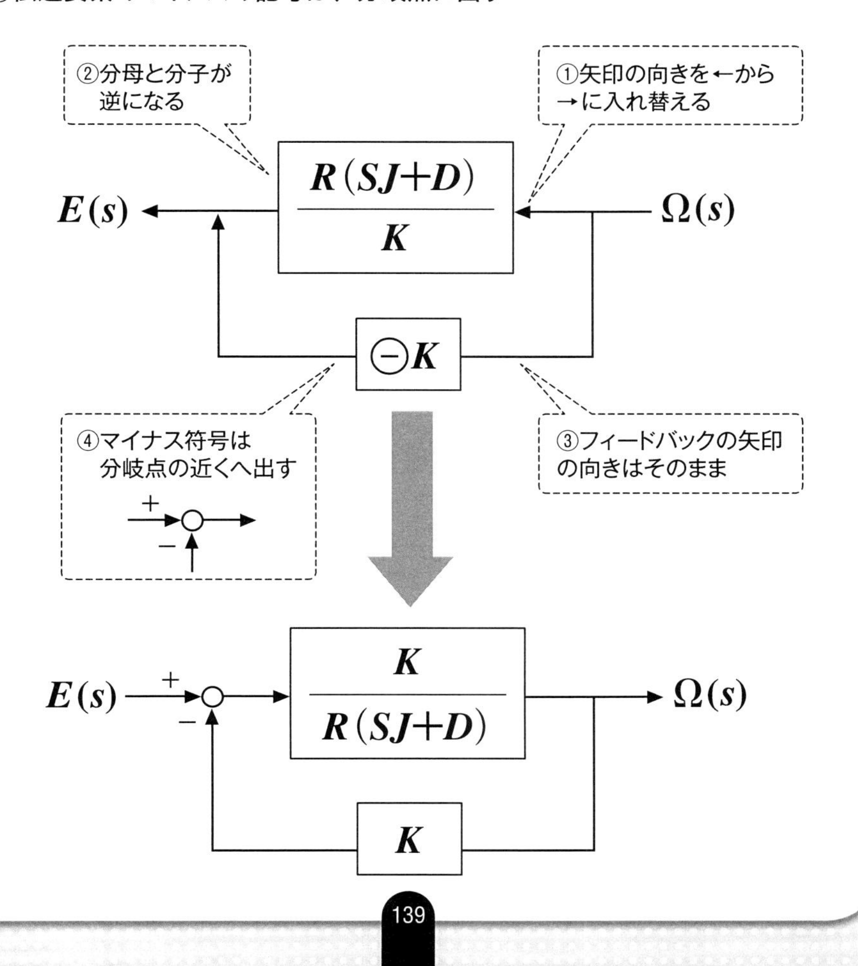

STEP11　完成です！

最後に、フィードバック経路にある、Kの伝達要素を上段に持っていき、一つにまとめます。

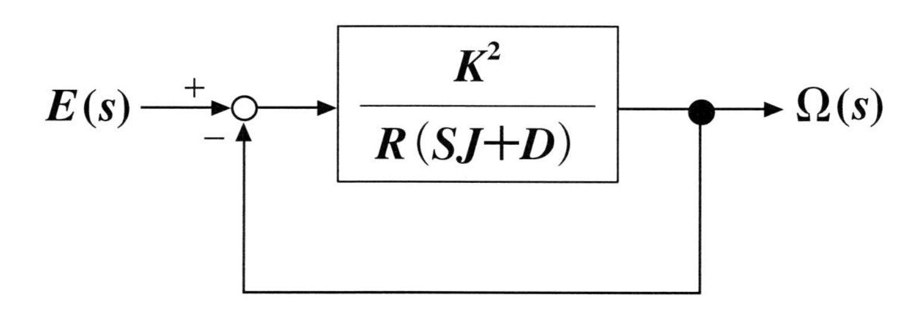

はい、できました。これが、DCモータを用いた駆動システムの伝達関数とブロック線図です。ご苦労さまでした！

ちなみに、DCサーボモータ・負荷系の駆動システムでは、各要素の中身をわかりやすくするため、等価変換をしないで下図のように表すこともあります。

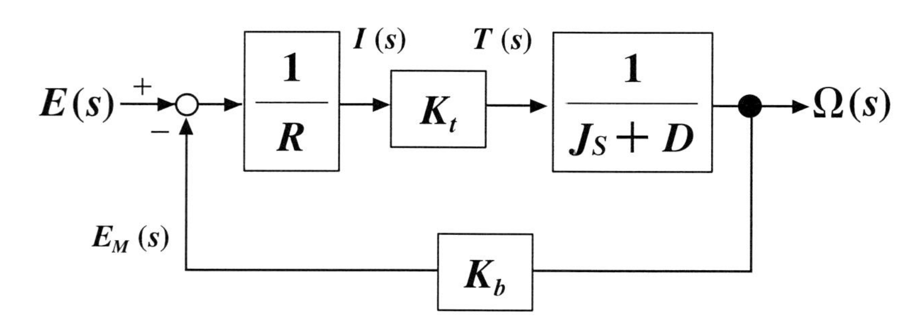

DCサーボモータ・負荷系システムのブロック線図

ラプラス変換をやってみよう！

機械系の運動方程式をラプラス変換して、伝達関数を導いてみましょう。

右図のような質量 m 、ダンパの粘性係数 C 、ばね定数 k で構成される機械振動系に、外力 $f(t)$ が与えられたときの変位を $x(t)$ とします。

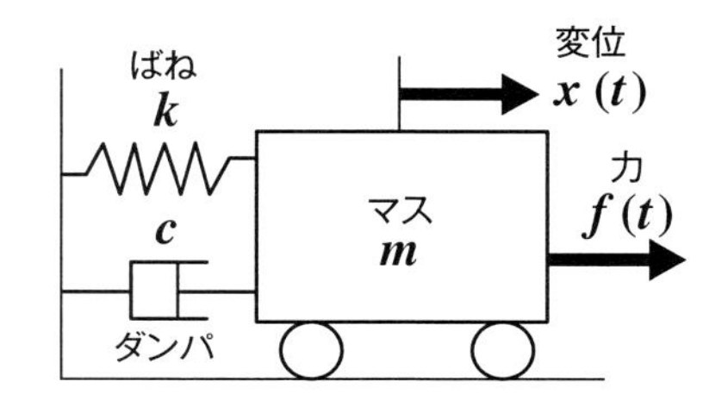

機械系の運動方程式は、質量 m による慣性力の、$m\dfrac{\mathrm{d}^2x(t)}{\mathrm{d}t^2}$ と、ダンパの制動力の $c\dfrac{\mathrm{d}x(t)}{\mathrm{d}t}$ と、ばねの力の $kx(t)$ の総和が外力 $f(t)$ に等しいので、

$m\dfrac{\mathrm{d}^2x(t)}{\mathrm{d}t^2}+c\dfrac{\mathrm{d}x(t)}{\mathrm{d}t}+kx(t)=f(t)$ という式が成り立ちます。

上式をラプラス変換すると、→ $ms^2X(s)+csX(s)+kX(s)=F(s)$

こうなります。

① $L\left[m\dfrac{\mathrm{d}^2x(t)}{dt^2}\right]=ms^2X(s)$

[　]をラプラス変換するよ！

質量は変わらないのでそのまま微分はSとの掛け算時間変化するものは大文字

② $L\left[c\dfrac{\mathrm{d}x(t)}{dt}\right]=csX(s)$

[　]をラプラス変換するよ！

ダンパは変わらないのでそのまま微分はSとの掛け算時間変化するものは大文字

③ $L[kx(t)]=kX(s)$

[　]をラプラス変換するよ！

ばねは変わらないのでそのまま時間変化するものは大文字

④ $L[f(t)]=F(s)$

[　]をラプラス変換するよ！

時間変化するものは大文字

伝達関数は、入力（力）と出力（変位）の関係を求めるので、

$$G(s)=\frac{X(s)\ (\text{出力})}{F(s)\ (\text{入力})}$$

として、式を変換して求めると

$$G(s)=\frac{X(s)}{F(s)}=\frac{1}{ms^2+cs+k}$$

となります。

したがって、伝達関数は

$$F(s)\rightarrow\boxed{\frac{1}{ms^2+cs+k}}\rightarrow X(s)$$

「ステップ応答」のいろは♪

制御工学とはズバリ
入力と出力の
関係を調べること

ステップ状に
電圧を入れると
どうなるの?

1 はじめに

制御工学の果たす役割は、人と会話をするときの大切さによく似ています。私たちは、初対面の人と話しをするとき、相手の性格やクセなどを前もって知っていれば、会話を始めるきっかけもつかみやすく、相手の話を受け止めて返すような会話が楽しめます。これと同じように、システムや制御対象の性質やクセの情報を事前に調査しておけば、それに適したスムーズな制御ができるというわけです。では、性質やクセはどのようにして知ればよいでしょう。

たとえば、私たちが箱の中身を知ろうとするとき、箱を持ち上げたり、左右にゆすったりしながら中身の反応をさぐります。制御でも同様に、システムにある電圧をポンと与えたり、ゆすったりしながら、どのような性格やクセがあるのか、その反応からさぐっていきます。これを制御工学では、「評価」という言い方をします。制御工学の本筋は、システムを評価するために、入出力の関係を調べることなのです。代表的な評価の手法は、「ステップ入力→ステップ応答」と「正弦波入力→周波数応答」の2つがあります。

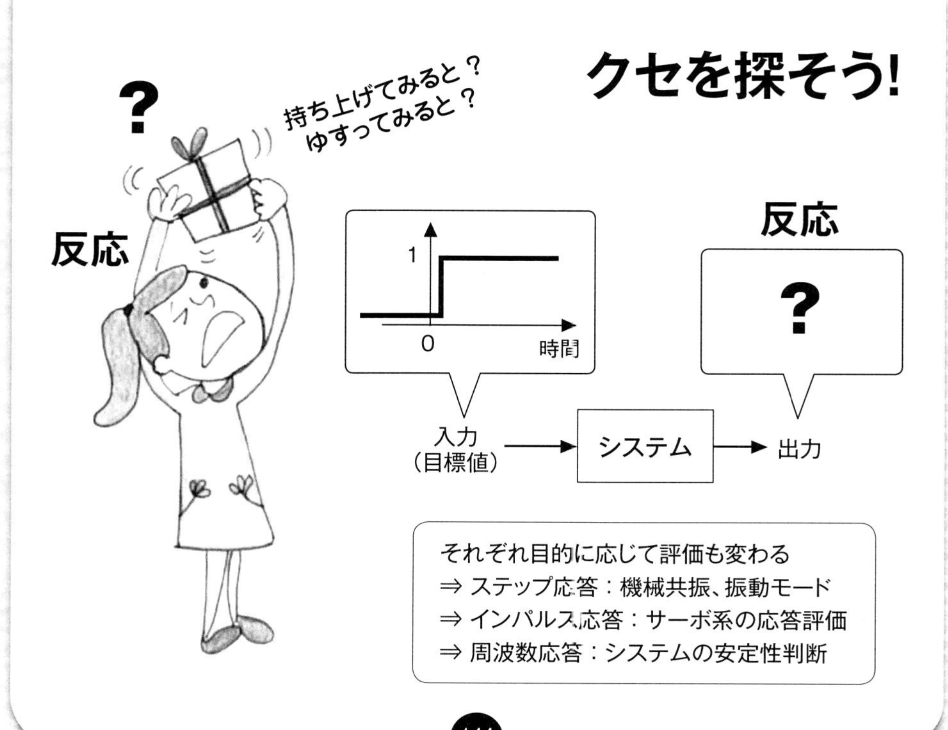

② ステップ入力/ステップ応答

この章では、「ステップ入力/ステップ応答」について説明します。

まず、下図のように、傘をまっすぐ90° で倒立するための制御を考えます。目標値90° より30° 傾いてしまった場合、90° に戻すために、図①のように矢印の方へある量だけ一瞬手を動かします。これを「ステップ入力」と言います。すると、図②のように、目標値90° よりもだいぶ行き過ぎた状態で傘が傾きました。これが応答（出力）です。そして、このような時間変化の応答を「ステップ応答」または、「インデンシャル応答」と言います。また、ステップ入力を制御対象に与えたときに表れる応答特性を「過渡特性」と呼びます。

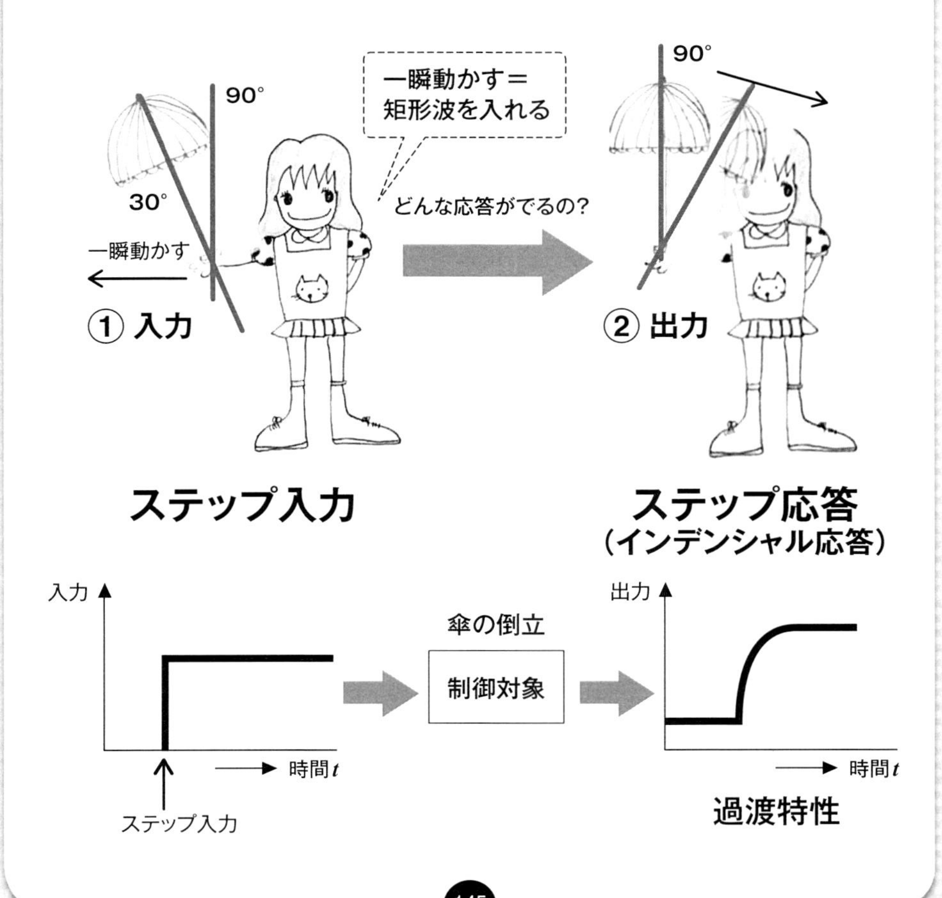

3 「過渡特性」を調べるための入力の種類

「過渡特性」を調べるための入力には、ステップ入力の他に、ランプ入力、インパルス入力などがあります。

ステップ入力は、大きさの単位を「1」と考えて「単位ステップ入力」とも呼ばれます。これらの入力は、調べたい部分やそれぞれの対象に合わせ使い分けます。

単位ステップ

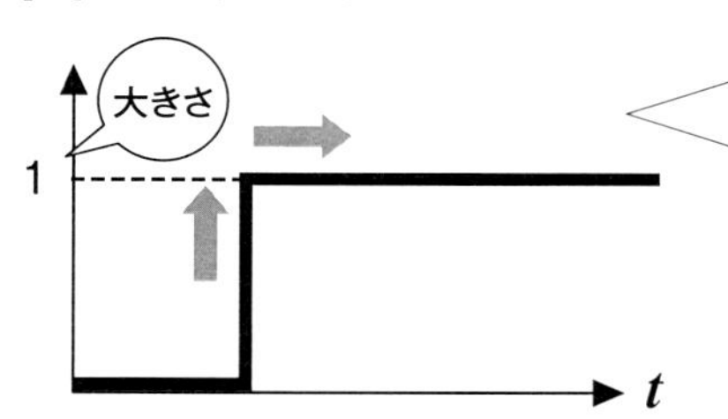

0Vから5Vへポンと電圧を上げて、そのまま継続の状態で入力する方法を単位ステップ入力と言います。階段状の信号を入れると、システムの応答の速さやオーバーシュートなどの特性を調べることができます。

ランプ入力

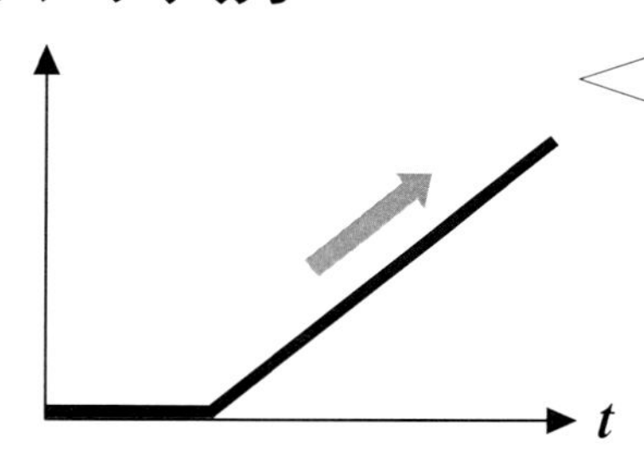

ランプ入力は、ジワジワと入力信号を加えて、その応答を調べるものです。右上がりの入力信号を入れます。目標値が時々刻々と変化する追従制御などでよく使われます。システムのオフセットを調べることができます。

インパルス入力

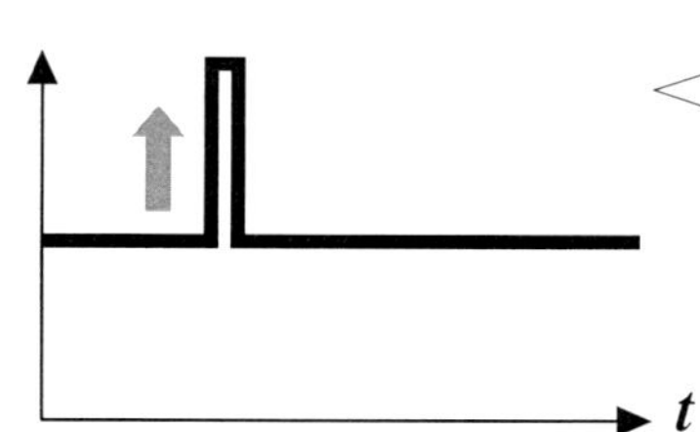

一瞬だけ信号を与えて応答を調べる方法がインパルス入力です。パルス応答法とも呼ばれます。スイカを指でコンコンと弾いてその熟れ具合を調べるのに似ています。比較的反応の速いシステムを調べるときに使われます。

4 ステップ応答の3パターン

それでは、「ステップ入力→ステップ応答」のポイントについて説明します。まず、ステップ入力のステップ応答は、至るところで観測されます。「モータにスイッチを入れた→速度が変化した」、「バネばかり器にもの載せた→指針が動いた」、「湯沸し器の供給電圧を変えた→温度が変化した」などがその例です。

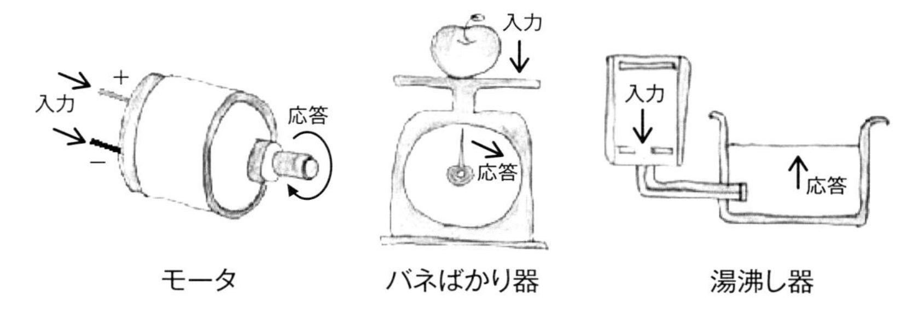

一般的に、ステップ応答から表れる過渡特性は3パターンです。下図①のように、目標値をめがけて時間とともに滑らかに立ち上がりながらだんだんと落ち着いていくタイプ、②のように、上下の振動を繰り返しながらだんだんと落ち着いていくタイプ（これを減衰振動と言います）、③のように、発散するタイプです。落ち着くという表現を制御工学では「安定」または、「定常応答」と言い、①、②のように、定常応答を示すものを「平衡状態（へいこうじょうたい）」にあると言います。③は不安定です。

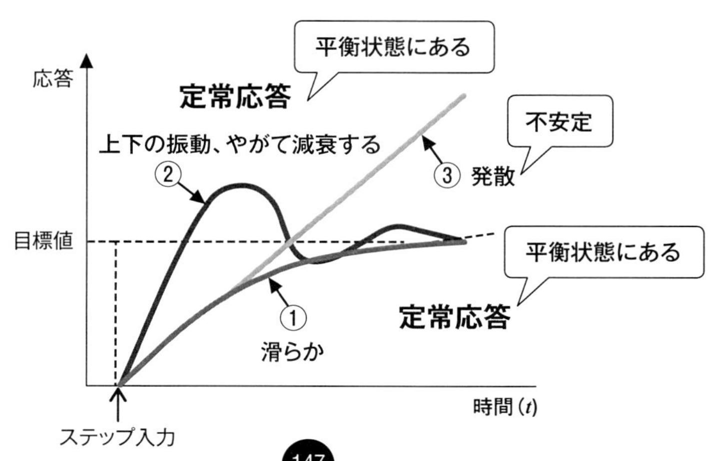

5 過渡特性の分類

一般的に、ステップ応答の過渡特性では、滑らかに応答する「一次要素」と上下に振動する「二次要素」の2種類が観測されます。下図のように、「一次要素」は、出力側の過渡特性が、「指数関数」で立ち上がり、目標値に近づいて定常状態となります。一方「二次要素」は、目標値の付近で上下振動をしながらだんだんと収束して定常状態となります。応答は、右図のように、入力と出力が同じ状態になることが理想的ですが、多くのシステムは、入力に対して若干遅れた状態で応答しはじめます。「遅れ」を持っているので、「一次遅れ」、「二次遅れ」と呼びます。そして、「遅れ」のことを「むだ時間」と言います。

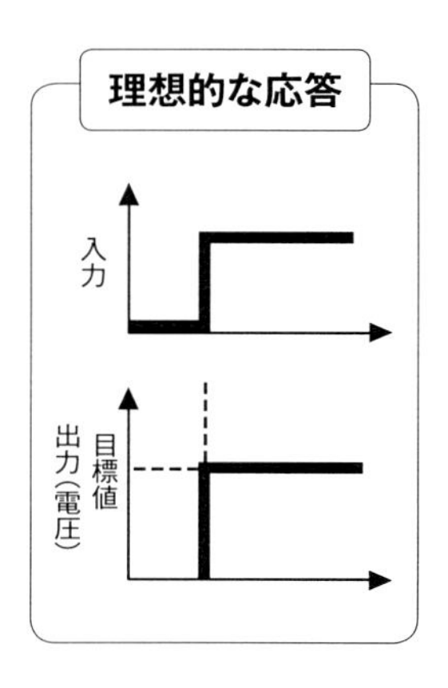

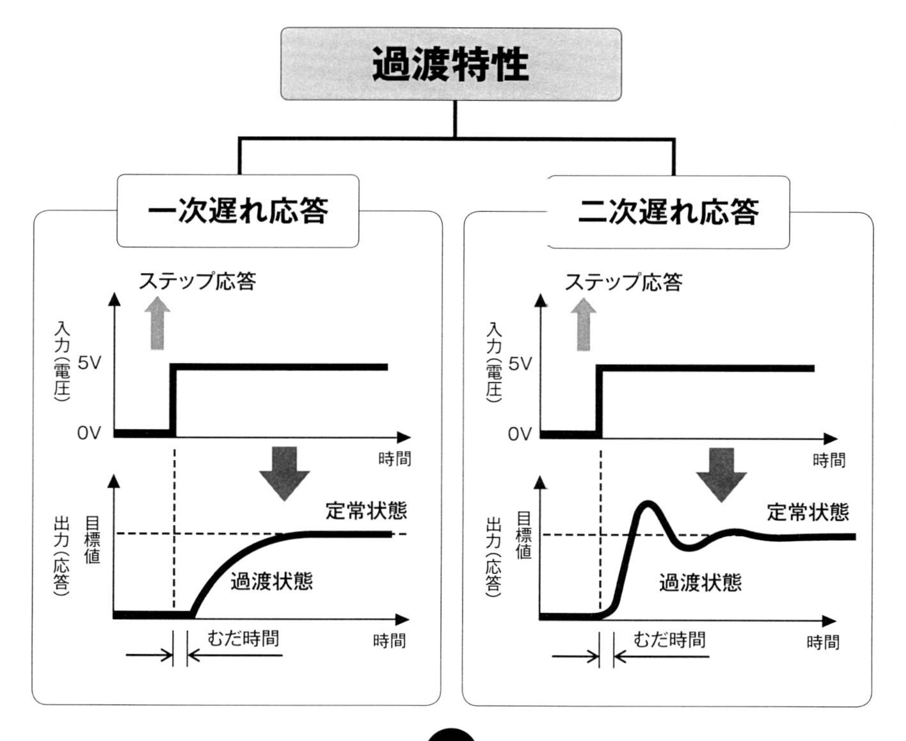

6 「一次遅れ」と言えば「むだ時間」

「むだ時間」は、その名の通り、操作を行っても何ら応答がない時間帯（デッドバンド：DEAD BAND）を意味します。すべてのシステムには多かれ少なかれむだ時間が存在します。特に製造業では、「一次遅れ+むだ時間」で近似したモデルがよく観測されます。一次遅れのポイントは、「時定数」です。時定数をT、むだ時間をLとして、その比 のL/Tによって、制御対象の反応の速さを表わします。L/Tの値が大きいほど高精度な制御が難しくなる制御対象です。特に、追従性を重視するサーボ系では反応の速さが求められますので懸念されるところです。ちなみに、「むだ時間」の主な原因は3つあります。

①操作遅れ

操作信号を加えてから、出力されるまでの信号の伝達遅れ（タイムラグ）や不感帯で生じる。

②搬送遅れ

システム内の要素と要素の受け渡し（搬送：トランスファ）で遅れが生じる。

③反応遅れ

システム内の不具合、干渉、モータでいえば慣性モーメントなどによる物理的な遅れで生じる。変化に対する過剰反応でも遅れが生じる。

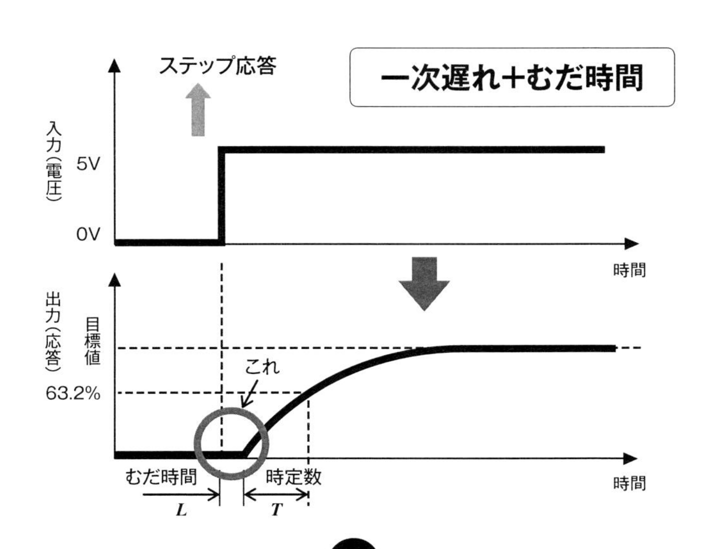

7 「一次遅れ」と言えば「時定数」

機械や電気には、「一次遅れ」のものがたくさん見られます。例えば、電気回路、車、タンク、モータはみな「一次遅れ要素」です。一次遅れの特徴は、はじめは素早く応答して、時間が経つにつれて徐々になだらかになり、十分に時間が経つと目標値に近づくという「指数関数特性」で変化することです。ここで、どれくらいの速さで応答するのか（応答性）を示す指標が、「時定数（じていすう）」です。時定数はTで表し、立ち上がり（0%）から目標値（100%）までの、「63.2%」に到達する時間です。一次遅れは、ある時間後には一定状態に落ち着く「自己制御性」のあるのが特徴です。

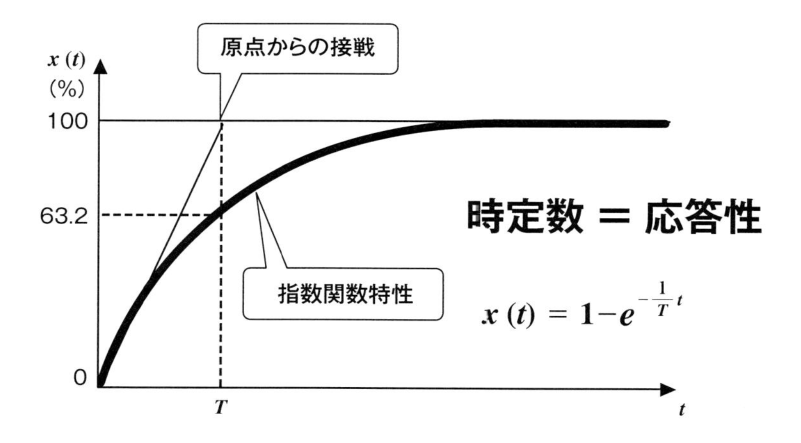

時定数が小さいほど応答性が良く、大きくなるほど応答性が悪くなります。時定数が大きいと、システムに入る外乱に対して、すばやく反応できず、すぐに目標値に戻れないという性質があります。

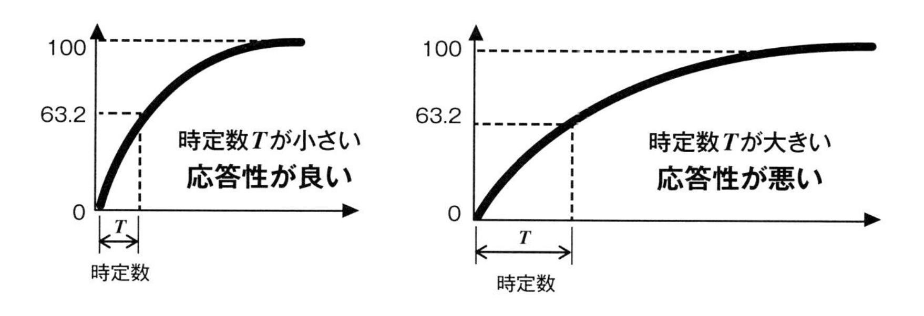

8 機械的時定数・電気的時定数

時定数には、機械的時定数と電気的時定数があります。それぞれ、システムが立ち上がるまで（モータが動くまで）の応答時間と関係しています。応答時間を速くするためにモータのロータ（回転する部分）の慣性モーメントが小さくなるように設計されたのがサーボモータです。サーボモータは、この後に説明される周波数応答に優れていて、繰り返しの動作に対して速く追従できる特徴があります。

ロータ

機械的時定数

モータの立ち上がり時間を示す定数で、「起動時間」とも言われます。

モータにステップ入力で電圧を印加したときにモータの最高回転速度の62.3%に達するまでの時間で表します。単位は、[ms（ミリセカンド）]です。

電気的時定数

モータにステップ入力を与えると、一瞬、起動電流というものが回路にドカンと流れます。この起動電流の62.3%達する時間を電気的時定数と言います。単位は、[ms（ミリセカンド）]です。

機械的時定数と電気的時定数は、「減衰係数」と関係がある！

ステップ入力のとき、応答が振動的になるかを示すのが減衰係数です。減衰係数をζとしたとき、以下の式で表されます。

$$\zeta = \sqrt{\frac{\tau_M}{\tau_E}}$$

$\zeta < 1$のときは振動する。
$\zeta \geqq 1$のときは振動しない。
$\zeta \gg 2$では、$4\tau_M \ll \tau_E$となる。

ζ = 減衰係数　τ_M = 機械的時定数　τ_E = 電気的時定数

9 「二次遅れ」の評価項目名

二次遅れは、下図のような現象が見られます。立ち上がりの応答の後に、上下に振動を描く性質があります。そして、二次遅れでは、それぞれ項目ごとに評価します。

①**最大行き過ぎ量（オーバーシュート）A_{max}**：出力値が目標を過ぎ、出力値と目標値との差が最大となる値。
②**行き過ぎ時間 T_p**：行き過ぎ点に達するまでの時間。
③**立ち上がり時間 T_r**：出力値が目標値の10%～90%の値に達するまでの時間。
④**遅れ時間 T_d**：出力値が目標値の50%に達するまでの時間
⑤**整定時間 T_s**：出力が目標値の±5%に収まるまでの時間

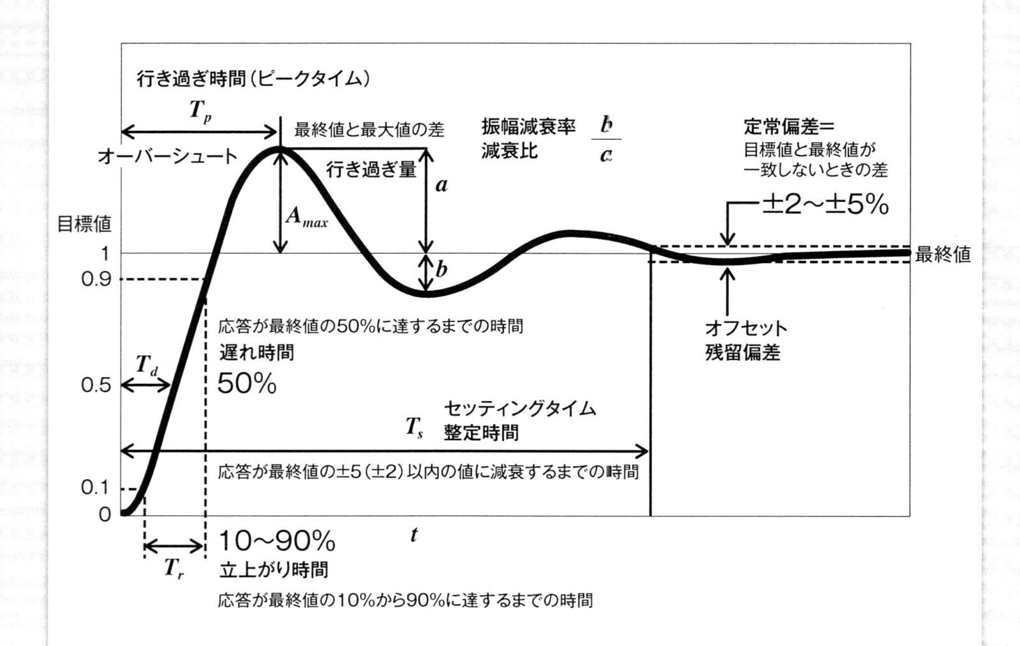

10 「二次遅れ」の評価項目名のポイント

二次遅れの評価項目と、システムの指標である「安定性」、「速応性」、「定常特性」との対応は以下のようになります。

評価項目	望ましい特性	特性との対応
立上り時間	短い	速応性
遅れ時間	短い	速応性
むだ時間	短い	速応性
行き過ぎ時間	短い （オーバーシュートが大きくなる）	速応性
整定時間	短い	速応性
オーバーシュート	少ない （行き過ぎ時間が長くなる）	安定性
減衰比	大きい	安定性
定常偏差	小さい	定常特性・精度

速応性：制御量が目標値に速く到達する能力
安定性：制御量が振動しない能力
定常特性：目標値と制御量の差が少ない能力／位置決め誤差などの精度に関係する

パーペクトロボ

11 「二次遅れ」と言えば「減衰特性」

二次遅れの例をあげると、ある質量（m）を持つ機械に、バネ（k）に値する変位を与え（外力を加えて）、急に離すと振動をはじめます。減衰力がないと、永遠に振動は続きますが、減衰力を与えれば、振動（振幅）は小さくなりやがて静止します。この系を「バネーマスーダンパ」モデルと言います。ほとんどの機械システムでは、１自由度系、２自由度系と呼ばれる振動系で近似されるので、メカ屋さんは理解しておきたい特性です。

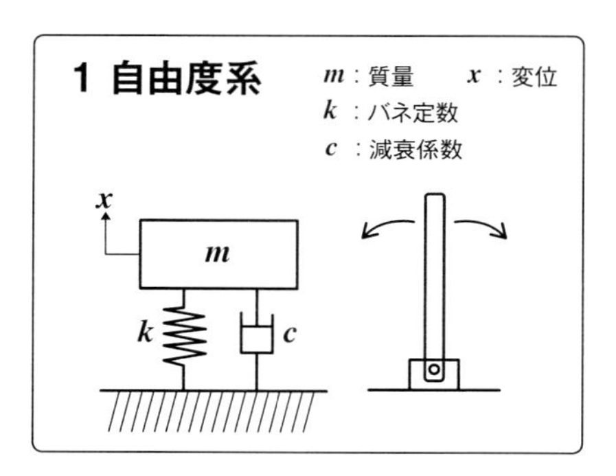

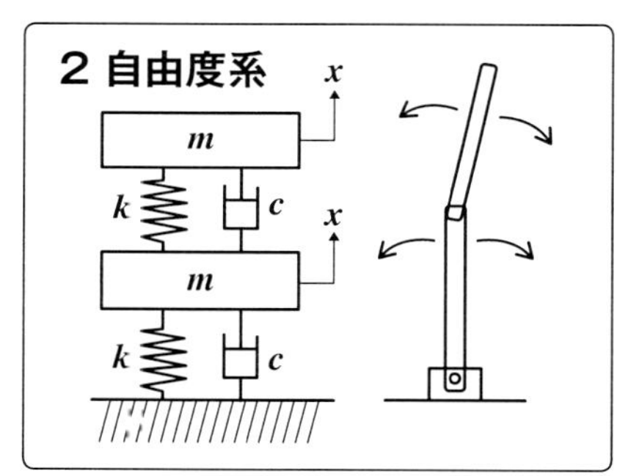

二次遅れで特に重要なのは、減衰比（ζ）です。減衰比の値によって、応答は下図のように大きく変化します。ζが１より大きい状態を「過制動」と言い、振動はしません。（ただし目標値に到達する時間が遅くなります。）しかし、ζが１よりもどんどん小さくなるにしたがって、振動はどんどん大きくなります。これを不足制動と言います。また、ζ＝１の状態を「臨界制動」と言い、振動するか否かの境界を示しています。

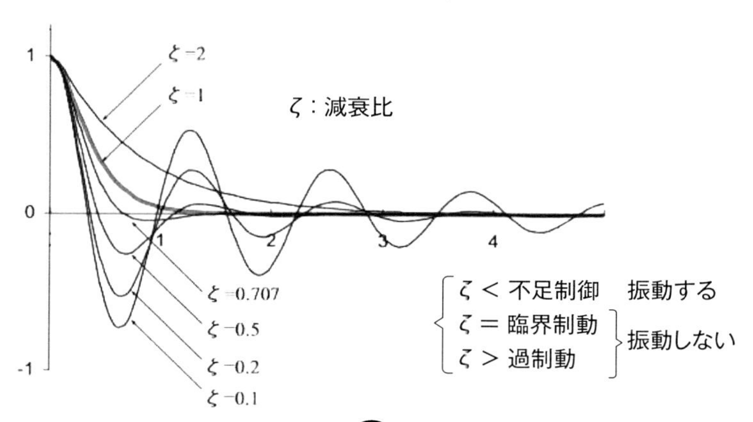

12 「二次遅れ」と言えば「固有周波数」

「二次遅れ」はニュートンの運動方程式で表されます。

運動方程式

$$m\frac{d^2y(t)}{dt^2}+c\frac{dy(t)}{dt}+ky(t)=0$$

質量（慣性力）　ダンパ（制動力）　バネ定数

出力側

安定性に効く

固有角周波数 $\omega_n=\sqrt{\dfrac{k}{m}}$

m：質量　k：バネ定数

速応性に効く

減衰係数 $\zeta=\dfrac{c}{2\sqrt{mk}}$

c：減衰係数

バネーダンパ系

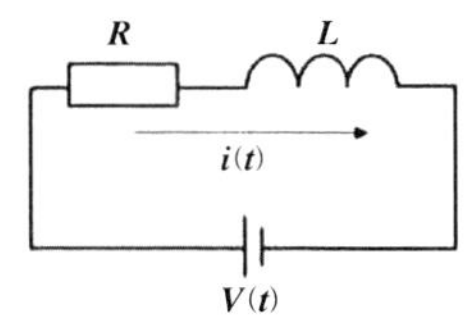

動作は指数関数状に立ち上がる

バネーマスーダンパ系

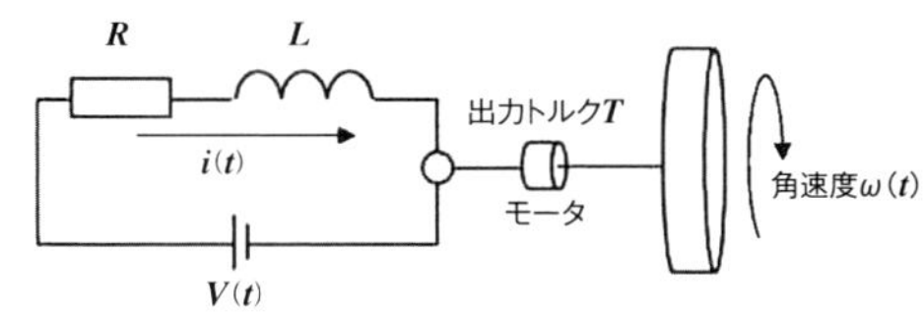

動作は振動的に立ち上がる

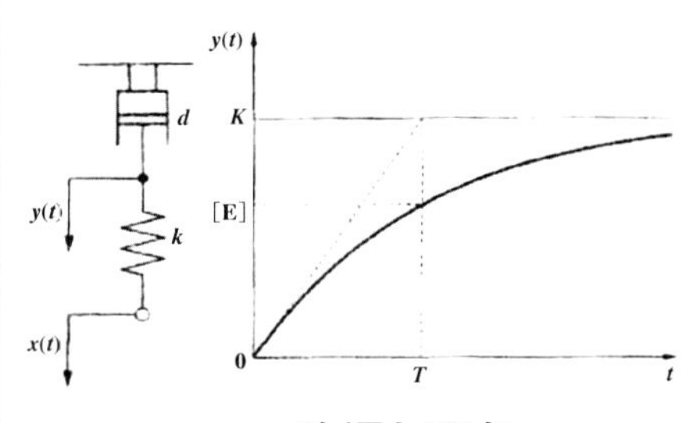

一次遅れ要素

$$G(s)=\frac{Y(s)}{X(s)}=\frac{1}{1+Ts}$$

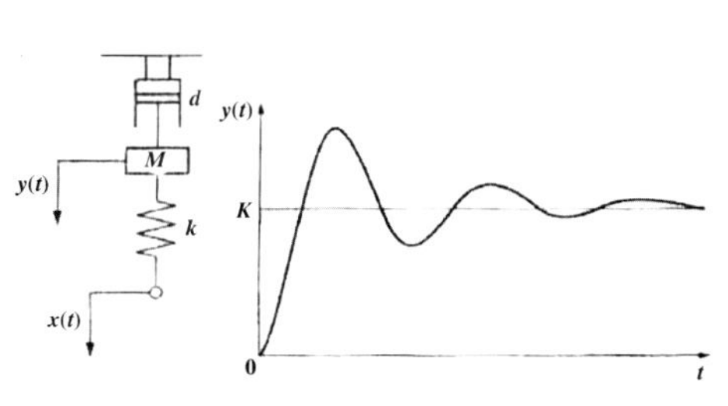

二次遅れ要素

$$G(s)=\frac{Y(s)}{X(s)}=\frac{\omega_n^2}{s^2+2\zeta\omega_n s+\omega_n^2}$$

13 「過渡応答」の6つの評価指標

人の性格診断では、特徴や傾向などを見て、最終的に内向的か外交的かなどと、「項目」でタイプ分けします。システムでも同じように、観察された応答を「項目」に分けて、どのタイプなのかを診断します。ステップ入力による過渡特性の項目には、主に「一次遅れ」、「二次遅れ」、「比例」、「積分」、「微分」、「むだ時間」の6つがあります。仮に中身がさっぱりわからないブラックボックスのシステムでも、入力と出力の関係を表す「伝達関数」が求められた場合、6要素のいずれかの項目に当てはまります。そこで、6つの要素のラプラス変換と伝達関数をおさえておきましょう。

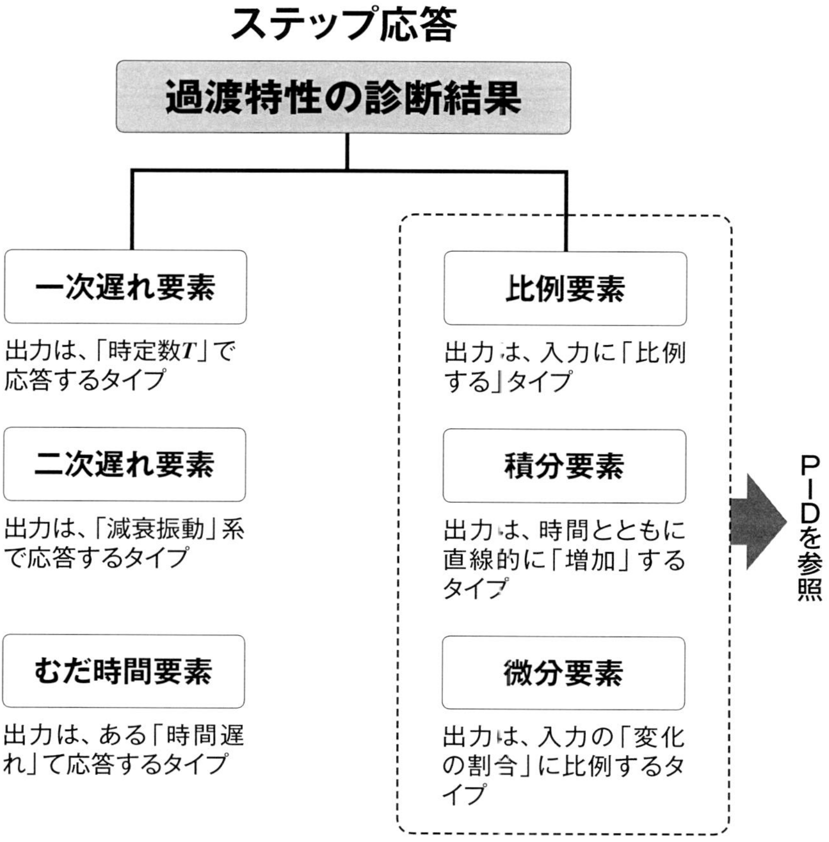

14 P動作、I動作、D動作のラプラス変換

入力と出力の関係が伝達関数で表されるとき、比例、微分、積分要素は、以下のようになります。

ここは覚えるポイントです。

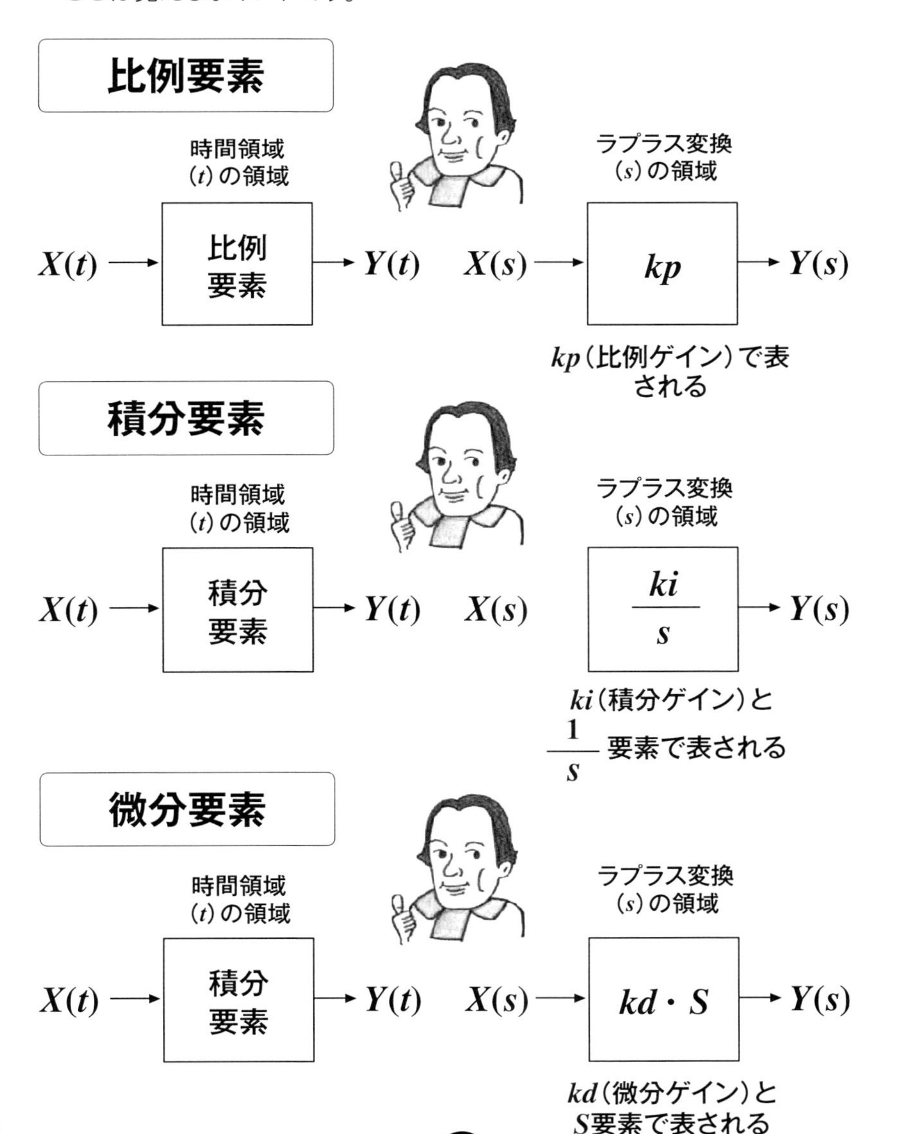

15 一次遅れ、二次遅れ、むだ時間の伝達関数

続いて、一次遅れ、二次遅れ、むだ時間要素は、以下のようになります。
ここは覚えるポイントです。

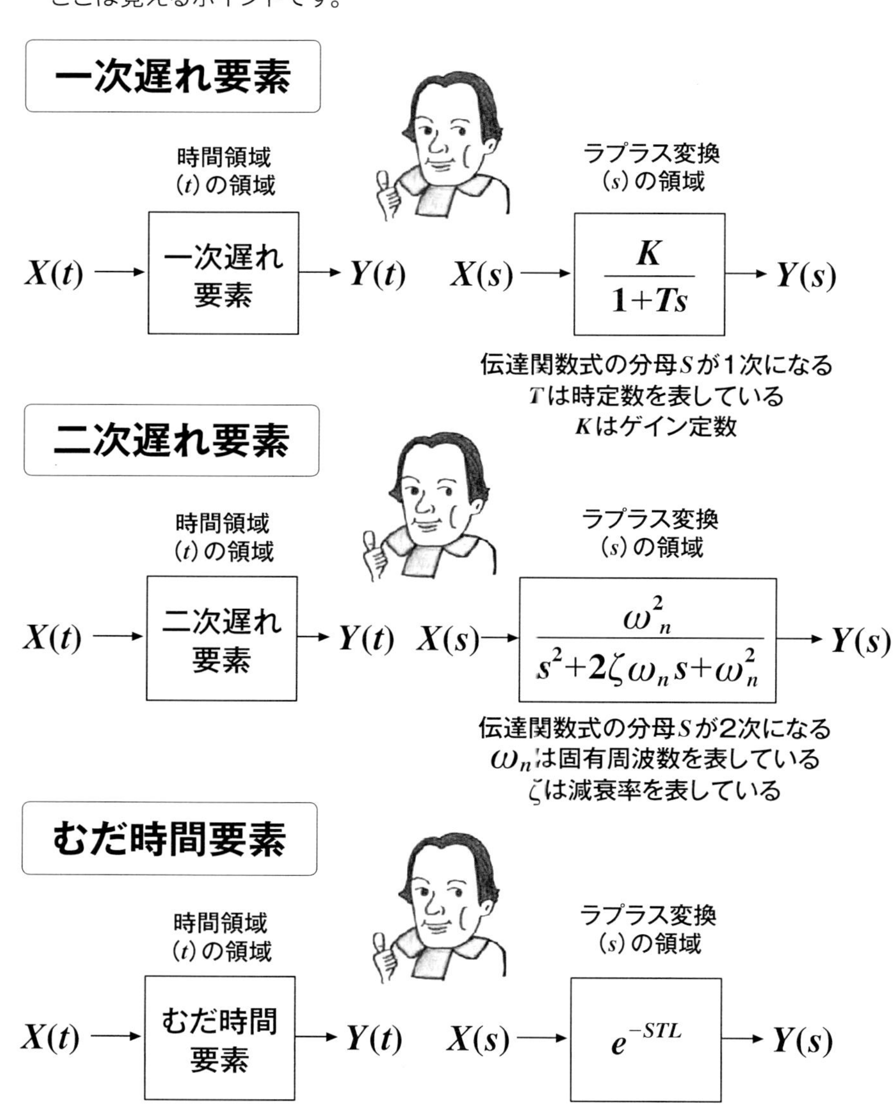

ラプラス変換では、*s*を掛けると微分操作、*s*で割ると積分操作、定数を掛けると比例操作になります。したがって、ブロック内に「*s*」とあると微分要素、「1/*s*」とあると積分要素、「*a*」や「*K*」などの定数があると比例要素があるというのがポイントです。

$$\frac{1}{s+a} \Leftrightarrow$$ (フィードバック：前向き要素 $\frac{1}{s}$、帰還要素 a)

一次遅れ系のブロック線図

同じように、二次遅れ系をブロック線図で表してみましょう。二次遅れ系は、たとえば下図のように、因数分解すると2つの一次遅れ系を直列で接続したもので表されます。

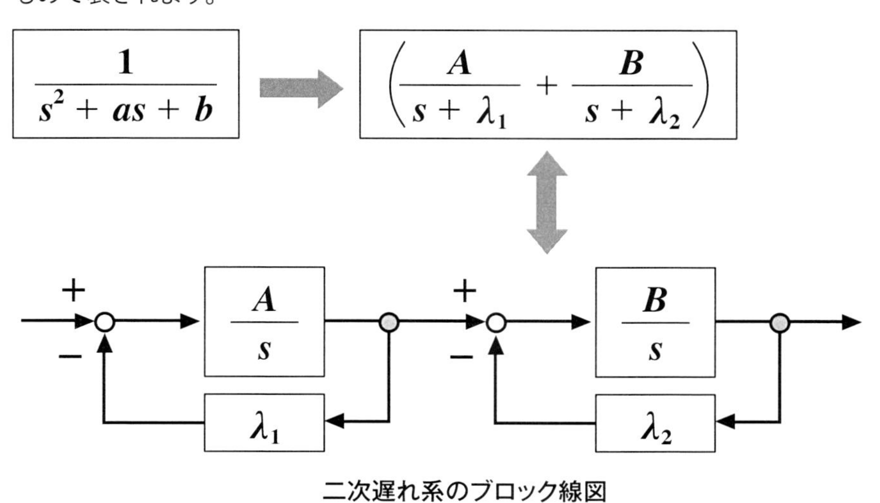

二次遅れ系のブロック線図

このように、最小要素にまで分解できるものを線形制御系と呼びます。

古典制御では、比例、微分、積分、一次遅れ、二次遅れ、むだ時間で構成される線形制御系を対象としています。

4章で説明したPIDコントローラは、比例要素、積分要素、微分要素からなります。機械系のバネ・マス・ダンパ系の制御対象を前段に置いて、フィードバックループを構成して系の特性を調べます。

比例定数をkp、積分定数をki、微分定数をkdとすると、ブロック線図は以下のようになります。

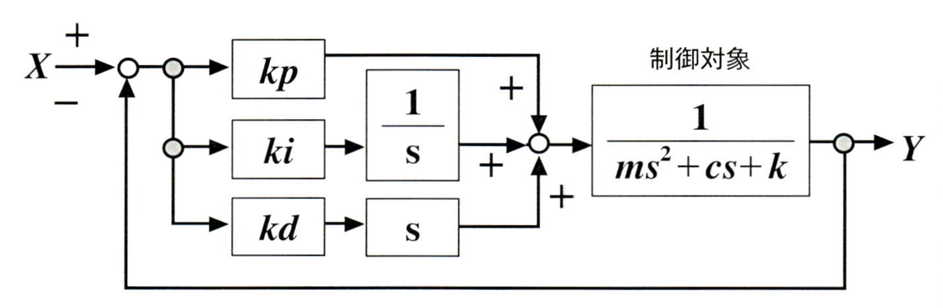

PIDコントローラ付きのバネ・マス・ダンパ系のブロック線図

ここで、入力をX、出力をYとすると、フィードバックした結果とPIDコントローラと制御対象の伝達関数の積が出力Yとなります。そして、以下の式が成り立ちます。

$$(X-Y)\times\left(kp+\frac{ki}{s}+kd\cdot s\right)\times\frac{1}{m\cdot s^2+c\cdot s+k}=Y$$

Y/Xとなるように、式を整理すると以下の伝達関数が求まります。この伝達関数をもとにして、例えば、$m=1$、$c=1$、$k=3$、$kp=1.5$、$ki=5$、$kd=2$、などと数値を与えて、応答性や安定性がどうなるか評価します。

$$\frac{Y}{X}=\frac{kd\cdot s^2+kp\cdot s+ki}{m\cdot s^3+(c+kd)\cdot s^2+(k+kp)\cdot s+ki}$$

16 伝達関数から時定数の値を求める

フィードバック制御において、一次遅れ要素は最も基本的な要素です。
その特性は、「ゲインK」と「時定数T」で記述できます。

$$X(s) \longrightarrow \boxed{\frac{K}{1+Ts}} \longrightarrow Y(s)$$

たとえば、下記のようなブロック線図のシステムがあったとき、
このシステムの時定数は何秒か考えてみましょう。

$$X(s) \longrightarrow \boxed{\frac{24}{2+6s}} \longrightarrow Y(s)$$

考え方

このシステムを $Y=\frac{K}{1+Ts}X$ という形にします。

Tが時定数です。

$$\frac{24}{2+6s}=\frac{24}{2(1+3s)}=\frac{12}{(1+3s)}=12\frac{1}{1+3s}$$

12 → ゲイン　3 → 時定数

したがって、**ゲインは12、時定数は3秒**となります。

17 伝達関数から減衰比と固有角周波数の値を求める

二次遅れ要素の特性は、「減衰比ζ」と「固有角周波数ω」で記述できます。

$$X(s) \rightarrow \boxed{\frac{\omega_n^2}{s^2+2\zeta\omega_n s+\omega_n^2}} \rightarrow Y(s)$$

たとえば、下記のようなブロック線図のシステムがあったとき、このシステムの減衰比と固有角周波数について考えてみましょう。

$$X(s) \rightarrow \boxed{\frac{1}{s^2+500s+10^6}} \rightarrow Y(s)$$

考え方

$$X(s) \rightarrow \boxed{\frac{1}{s^2+\underline{500s}+\underline{10^6}}} \rightarrow Y(s)$$

減衰比 固有角周波数

$$2\zeta\omega_n = 500 \qquad \omega_n^2 = 10^6$$

したがって、

固有角周波数 $\omega_n = \underline{10^3\ \text{[rad/s]}}$

減衰比 $2\zeta \cdot 10^3 = 500 \qquad \zeta = \frac{500}{2 \cdot 10^3} = \underline{0.25}$

18 伝達関数による構成要素の求め方（その1）

入力と出力の関係が下の伝達関数で表されるときのシステムの基本的な構成要素を求めてみましょう。

入力 → $\dfrac{K}{s(1+S)(1+0.25s)}$ → 出力

注目

このシステムの系は、制御で用いられる基本要素のうち、
比例 要素、積分 要素、一次遅れ 要素で構成されている。

考え方

まず、システムの中身を比例要素、積分要素、微分要素、一次遅れ、二次遅れむだ時間のそれぞれの要素に分けることからはじめます。

$$G(s) = \frac{\overset{①}{K}}{\underset{②}{s}\,(\underset{③}{1+s})\,(\underset{④}{1+0.25s})}$$

①$K = Kp$：比例要素

②$\dfrac{1}{s}$：積分要素

③$\dfrac{1}{1+Ts}$：一次遅れ要素

④$\dfrac{1}{1+Ts}$：一次遅れ要素

19 伝達関数による構成要素の求め方（その2）

接点周波数とは時定数の逆数です。時定数や接点周波数を求めていきます。

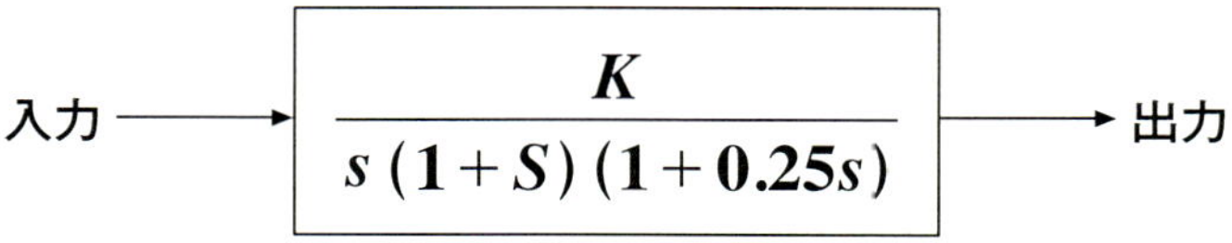

入力 → $\dfrac{K}{s(1+S)(1+0.25s)}$ → 出力

考え方

時定数は、一時遅れに含まれる要素です。この伝達関数は、時定数が2つ入っています。

$$G(s) = \frac{K}{s\,(1+s)\,(1+0.25s)}$$

一次遅れ要素

①時定数を求める

$$G(s) = \frac{K}{s\,(1+Ts)\,(1+Ts)}$$

T → 1、 T → 0.25

②接点周波数は時定数の逆数です。

T → $\dfrac{1}{T}$

時定数　接点周波数

$$\frac{1}{1} = 1 \quad \frac{1}{0.25} = 4$$

このシステムの時定数は、1［s］と0.25［s］で接点周波数は、1［rad/s］と4［rad/s］です。

ビギニングTHEチャレンジれんしゅう

下図は、あるサーボ機構のステップ入力に対する時間応答です。サーボ機構では、いかに速く、精度よく追従できるかが要求されるので、その性能は、以下の指標を用いて細かく評価されます。それぞれの値を読み取り、過渡応答の性能評価をしてみましょう。

行き過ぎ量		整定時間	
行き過ぎ時間		遅れ時間	
立ち上がり時間		定常偏差	

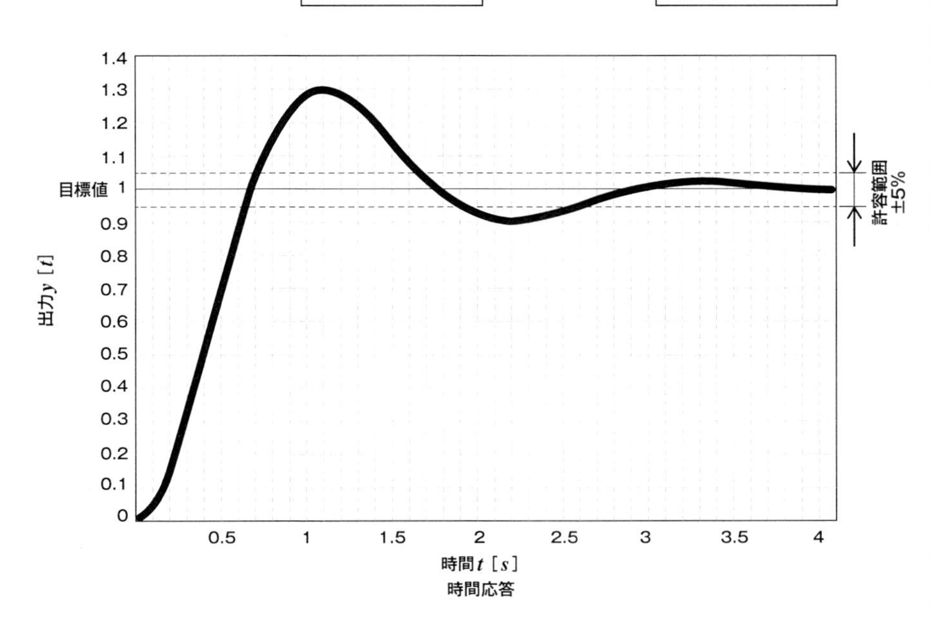

時間応答

答え

行き過ぎ量	0.3	整定時間	2.6
行き過ぎ時間	1.1	遅れ時間	0.4
立ち上がり時間	0.45	定常偏差	0

ビギニングTHEチャレンジれんしゅう

次の文章の空欄を埋めましょう。

制御系の設計目標は、［❶　　］と［❷　　］の過渡特性と［❸　　］を設計仕様に合わせることであり、この3つの要件を満足するように、ゲイン調整やパラメータ調整を行う。

制御系の基本要素の2次遅れ要素では、［❹　　］が安定性を［❺　　］が速応性をそれぞれ表す尺度となる。
制御系の第一条件は［❶　　］であり、不安定な系は安定へと改善しなければならない。しかし、「速応性」と相反する関係にあるので、工夫が必要である。

サーボ機構の制御系で要求されることは、

(1)［❻　　］が小さく、［❼　　］が素早く減衰することである。

(2)［❽　　］が短いことである。

(3)［❾　　］が小さい(ゼロに近い)ことである。

答え

❶ 安定性　❷ 速応性　❸ 定常特性　❹ 減衰係数　❺ 固有角周波数
❻ 行き過ぎ量　❼ 振動　❽ 立ち上がり時間　❾ 定常偏差

「周波数応答」のいろは♪

制御工学とはスバリ
入力と出力の
関係を調べること

1 正弦波入力/周波数応答

この章では、評価のもう一つの方法である「正弦波入力/周波数応答」に関して説明します。たとえば、下図のように、交互に傘をゆすりながら手を動かしてみたときの反応を観測します。ゆするという動作は、一種の波(振動)なので、その振動の変化は、三角関数のsinやcosで表されます。これを「正弦波入力」と言い、その応答を「周波数応答」と言います。周波数応答には、お約束事があって、大きさ1の正弦波(振幅)を制御対象に入れること、そして、入力が加わってから十分に時間が経って、一定の値で落ち着いた波を観測することです。そして、正弦波入力を制御対象に入れたときに表れる応答特性を「周波数特性」と呼びます。

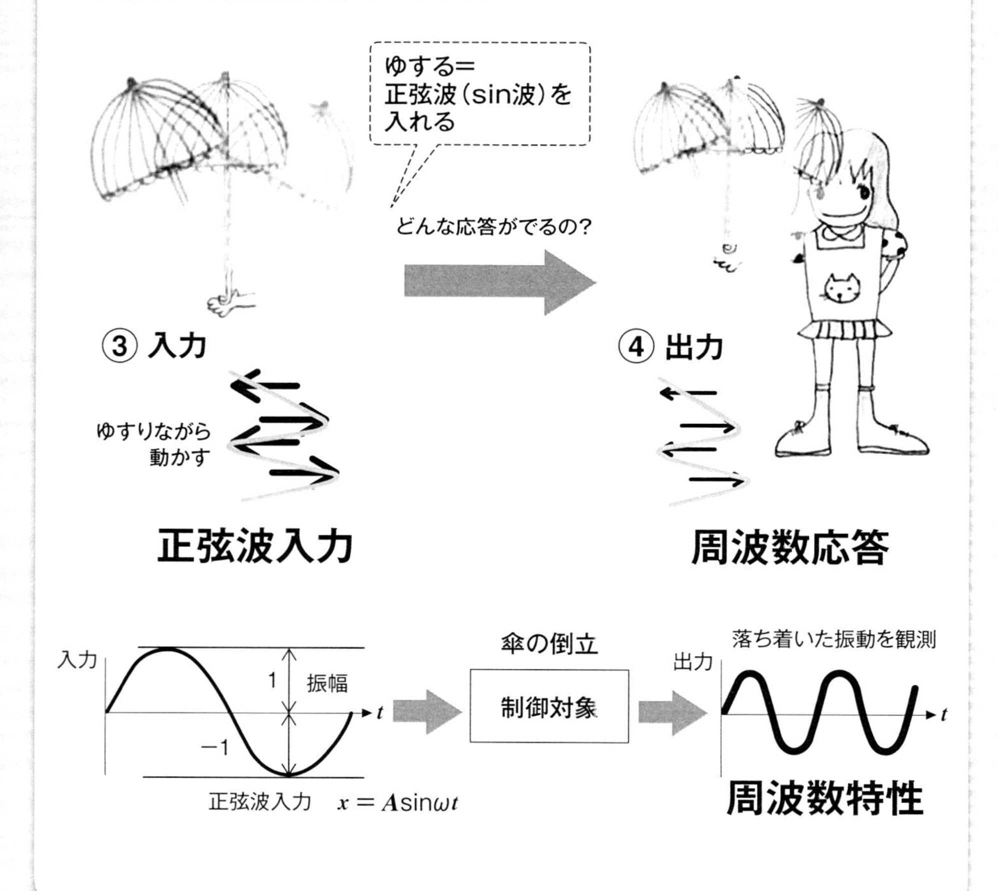

②「ゲイン」と「位相」とは何者なの？

周波数応答では、その特性の様子をイメージして理解することが重要です。イメージを持つことは、この後に説明される「ゲインや位相の関係」を知る手がかりにもなります。周波数応答では、正弦波を入力したときの応答（出力の振幅と位相）がどのようになるかを調べます。ここで、縁日の屋台で売られているゴムのついた水風船を想像してください。指にゴムをかけてボンボンと上下に動かします。ゆっくり（つまり、低い角周波数で）手を動かすと、手の動きと水風船の動きはほぼ同じとなります。これは、「ゲイン」と「位相」がともに同じである、と言えます。一方、手の動きを徐々に速くします（角周波数を高くします）。すると、手の動きと水風船の動きがだんだんズレてきます。水風船の動きが次第に小さくなり、遅れる現象が観測されます。さらにもっと速くすると、水風船の方は、ほとんど動かなくなってしまいます。このように、小さくなる方を「ゲイン」、遅れる方を「位相」と言います。そして、その２つがどんな状態かを表すのが周波数特性です。

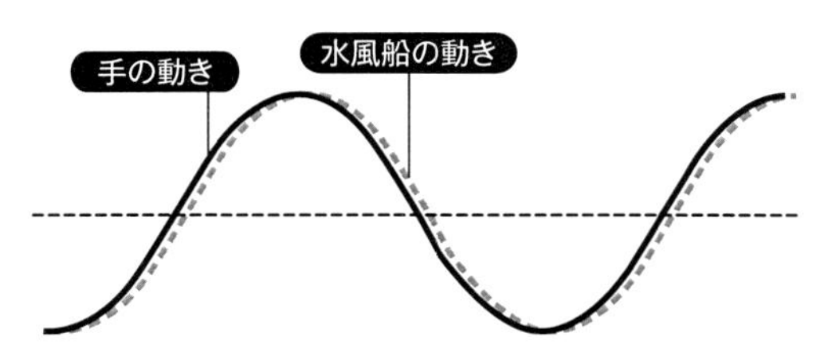

低い周波数の場合：ゲインと位相がほぼ同じ

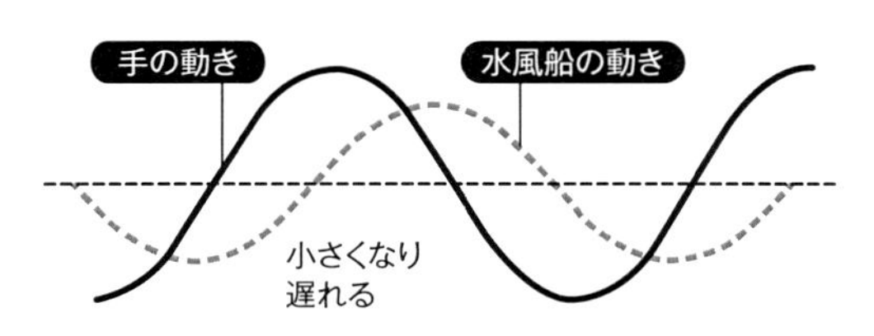

高い周波数の場合：ゲイン小さくなる、位相が遅れる

コメント 古典制御で周波数応答と言うと、コントローラに速度指令として正弦波を入力し、モータが正転と逆転を繰り返すことができるかどうかで、その周波数を確かめます。

3 正弦波入力の与え方

周波数応答は、正弦波信号をシステムに入れて、どのように応答するかを調べることですが、具体的には、入力振幅は同じ（一定）にして、周波数の違う信号を入れます。周波数とは、１秒間に何回、波（山と谷）が繰り返されるかの数で、単位はヘルツ（Hz）です。

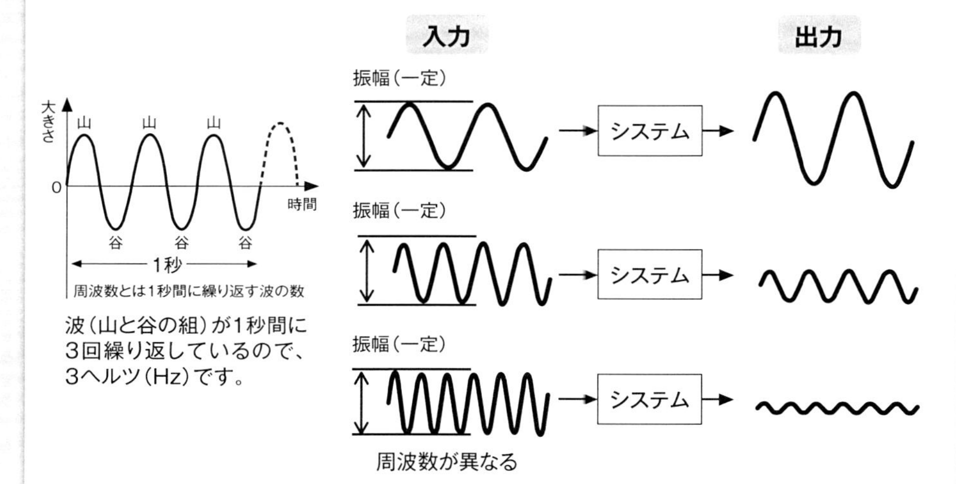

まず、周波数を低い値から大きな値へと徐々に変化させていきます。次に、落ち着いたところで、入力信号に対して出力値がどのくらい追いついてるかを観測します。最後に、入力側の振幅$\boldsymbol{a}$、出力側の振幅$\boldsymbol{b}$の振幅比（b/a）と位相差θの２つを読み取ります。その結果を直感的にわかりやすくグラフ化したものが「ボード線図」と「ナイキスト線図」です。

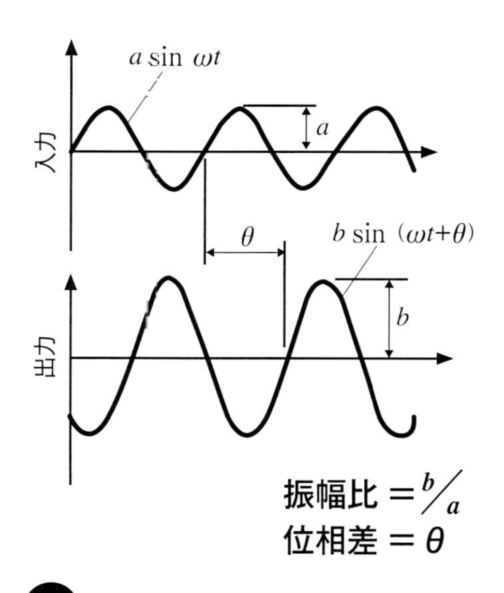

周波数応答を評価する3つのパラメータ

ここで「正弦波入力」に対する周波数応答の性質をおさえましょう。正弦波は、「振幅」、「角周波数」、「位相」の3セットで構成されていています。そして、次式で表されます。（まず、式の成り立ちをよく観測しましょう。）

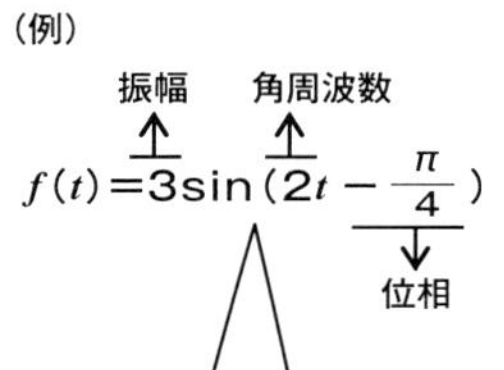

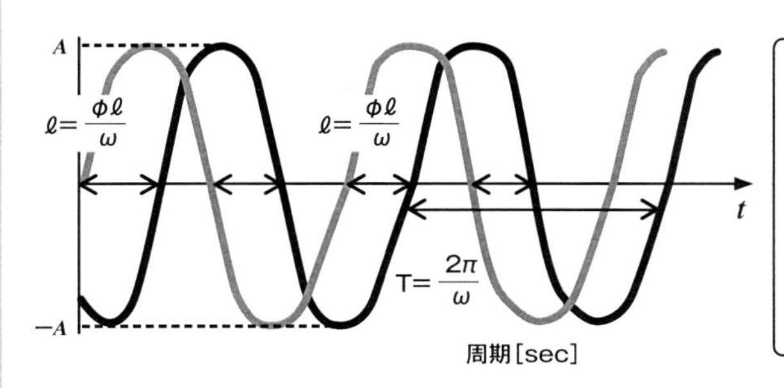

考え方

振幅の値は、最大1、最小−1なので、これは3倍の大きさを持つ信号。
角周波数ωの値は、大きいほどせわしなく振動する。位相は、どれくらい進んでるか（遅れているか）を表している。

どんなシステムでも、はじめは、過渡的な状態になってやがて定常状態になります。正弦波入力に対する周波数応答では、過渡状態を無視して、定常状態の波形のみに着目します。例えば、破線を正弦波入力としてしばらく入れたとき、下図の①のように、遅れながらも入力に近い応答を示すものもあれば、②のように発散するものもあります。周波数応答では、この状態を観測します。

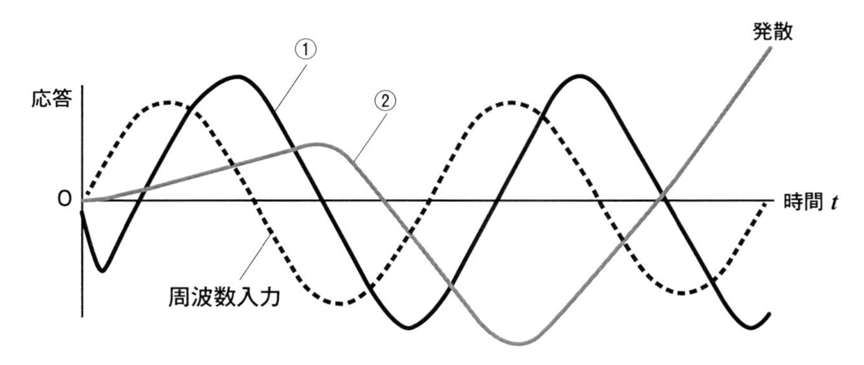

5 ボード線図・ナイキスト線図の下ごしらえ 虚数と複素数平面

ここでは、ボード線図やナイキスト線図のポイントについて説明しますが、その前に、周波数応答の「ゲイン」と「位相」に出てくる「$G(j\omega)$」という関数をおさえましょう。これがイメージできないと、グラフを読むときに理解しがたい部分が出てきます。具体的なことは専門書に任せるとして、大事な要点だけ説明していきます。

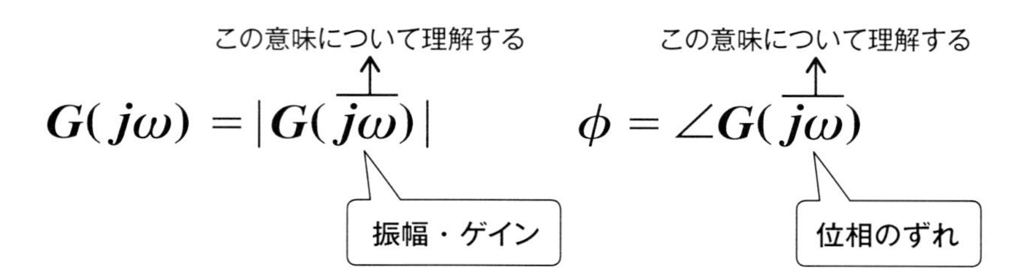

勉強しだすと、誰もが一度は「？！」となる単元が、「虚数と複素数」です。ここでは、イメージを養うため、数式はさけて、文章で、段階ごとに、ポイントを説明します。チェックボックスに☑しながら進めてください。

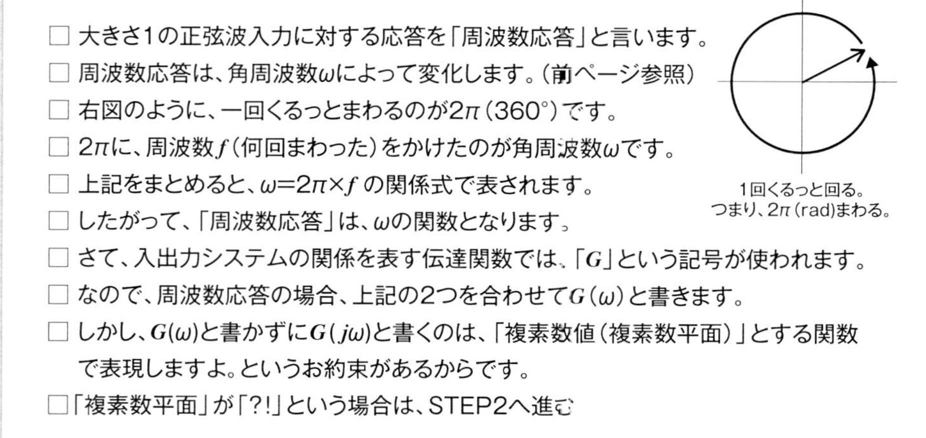

STEP1

- □ 大きさ1の正弦波入力に対する応答を「周波数応答」と言います。
- □ 周波数応答は、角周波数ωによって変化します。（前ページ参照）
- □ 右図のように、一回くるっとまわるのが2π（360°）です。
- □ 2πに、周波数f（何回まわった）をかけたのが角周波数ωです。
- □ 上記をまとめると、$\omega=2\pi\times f$ の関係式で表されます。
- □ したがって、「周波数応答」は、ωの関数となります。
- □ さて、入出力システムの関係を表す伝達関数では、「G」という記号が使われます。
- □ なので、周波数応答の場合、上記の2つを合わせて$G(\omega)$と書きます。
- □ しかし、$G(\omega)$と書かずに$G(j\omega)$と書くのは、「複素数値（複素数平面）」とする関数で表現しますよ。というお約束があるからです。
- □「複素数平面」が「?!」という場合は、STEP2へ進む

1回くるっと回る。
つまり、2π（rad）まわる。

STEP2

1, 3, -7	…実数
i, $5i$, $-4i$	…虚数
$3-i$, $-7i+5i$	…複素数

□ さて、虚数というものが世の中に存在します。
これは、2乗したときに0未満になる実数のことです。

□ 代表的なのは「j」と呼ばれるもので、2乗して−1 となります。

□ 複素数とは、1や5といった実数とjや5jといった虚数を組み合わせたものです。

□ 虚数という概念は、「我思う、故に我あり」で有名なデカルトさんがはじめて使いました。

□ 虚数が発見されたときは、「実用性がない」と否定的に評価されたようです。

□ だけど研究が進むにつれて「その存在を仮定して計算に使ってみたら便利！」ということがわかりました。ラプラス変換もいっしょで、「仮定して」というのがポイントです。

□ では、具体的にどう便利なのかというと、「表現できる領域が広がるから！」です。

□ まず、正の数（プラス）しか使えない世界だとすると、
「東に1m」進むといった表現しかできません。

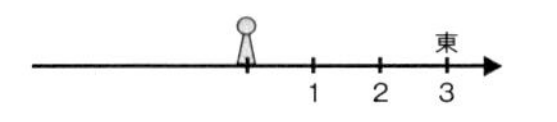

□ 正と負（マイナス）の両方が使える世界では、「西に2m」進むことを「東に−2m」進むと表現ができます。表現できる領域が正と負の方向へと広がりました。

□ では、「西に～」という表現で、北や南に進むにはどうすればよいのでしょう。

□ そこで役立つのが「虚数」です。下図は、正、負、虚数の3つが使えるグラフの世界です。

□ 例えば、「南に1m進む」ことを、「東に −jm進む」と表現できます。

□ ちなみに、下図の★のマークは、「東に−1、−jm進む」と表現できます。

□ このような複素数を使って表現されたグラフを「複素数平面」と言います。

□ 複素数平面では、実数の軸は「Re」、虚数の軸は「Im」と書きます。

□ 複素数平面では、ベクトルが使われます。ベクトルの大きさ（r）は絶対値｜r｜で表し、角度（θ）は偏角と呼んで、∠（z）またはarg（z）で表します。

□ この座標面のおもしろいことは、実数にjを掛ける度に、座標上の位置が反時計周りに90°ずつ回転をするという性質があることです。

□ 例えば、ある大きさのベクトルKがあったとすると、jKと書けば、Kより90°位相が進んだベクトルを表せます。

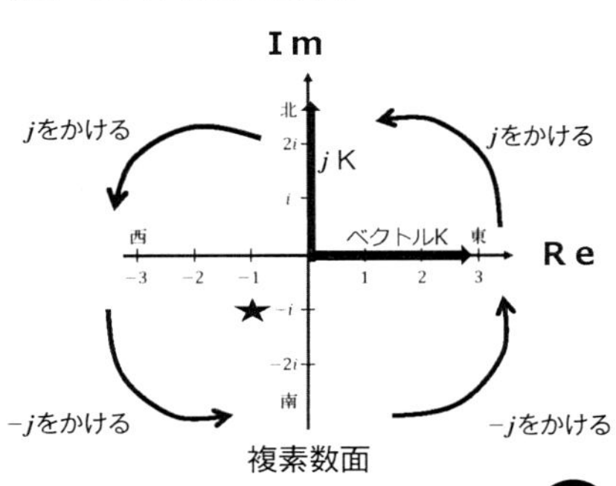

複素数面

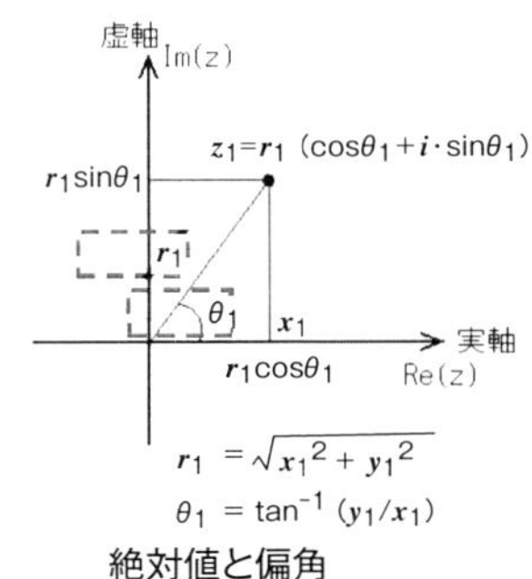

絶対値と偏角

6 ボード線図のポイント

ここでは、ボード線図の要点について説明します。ボード線図は、周波数特性を直感的に表したグラフです。横軸に「周波数」、縦軸に「振幅」と「位相」をとった2つのグラフを一組にして利用します。グラフでは、通常、上が振幅、下が位相と垂直に並べて読み取ります。周波数は、０Ｈｚから∞Ｈｚまでありますが、すべての周波数をグラフに乗せてしまうと横軸がとても長くなってしまうので、ボード線図では「対数尺」を使います。下図に、おさえるべき、ボード線図の要点を示します。

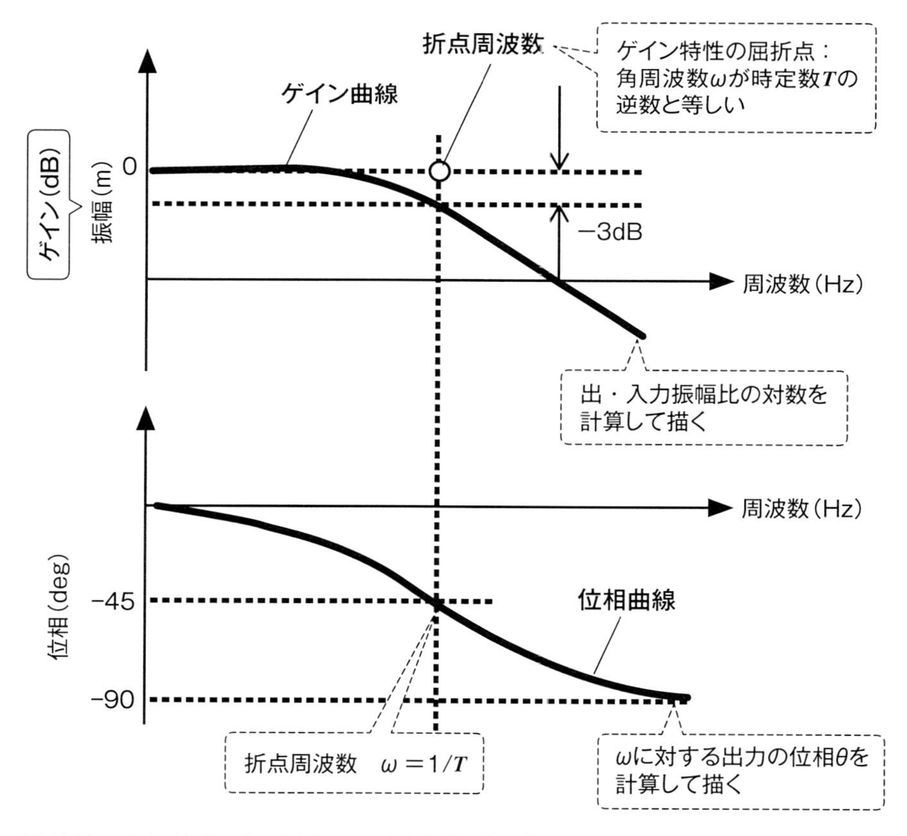

横軸は、角周波数（rad/s）か、周波数（Hz）で表現されます。
換算は以下の通りです。

$$2\pi\,[\mathrm{rad/s}]=1\,[\mathrm{Hz}]、1\,[\mathrm{rad/s}]=1/2(\pi)\,[\mathrm{Hz}]$$

7 ボード線図（ゲイン特性）

横軸に「周波数」、縦軸に「振幅」をとったものをゲイン特性と言います。振幅は、振動の幅の半分の長さで単位は［m］です。振幅比とは、入力振幅を基準とした場合、何倍になったのかを示したものです。ここでボード線図のお約束があります。「振幅比の常用対数の20倍を計算する。」これを「ゲイン（Gain）」と呼びます。単位は『dB（デシベル）』です。

※dBは20 log（X倍）で表せます。

ここは通常 $|G(j\omega)|$ と表す

$$\text{ゲイン(dB)} = 20\log_{10}\left|\frac{\text{出力振幅}}{\text{入力振幅}}\right| \text{（基準値）}$$

振幅の度合い（比率）

10を低とする2つ量の比の対数をとって、20倍にしたもの（常用対数）

上式を使って計算すると、振幅比が1のとき、ゲインは０ｄＢになります。出力振幅が入力振幅より大きいとゲイン（ｄＢ）は正（プラス）の値になり、小さいと負（マイナス）の値になります。２つの振幅が等しいときは、０ｄＢです。制御システムでは、ほとんどのゲインが図のように「負の値」になります。ゲイン曲線は、周波数の低い領域では、信号がおとろえず出力され、周波数が高くなると信号が減衰していきます。このような特性を「ローパス特性」と言い、周波数が折れ曲がる点を折点周波数と言います。

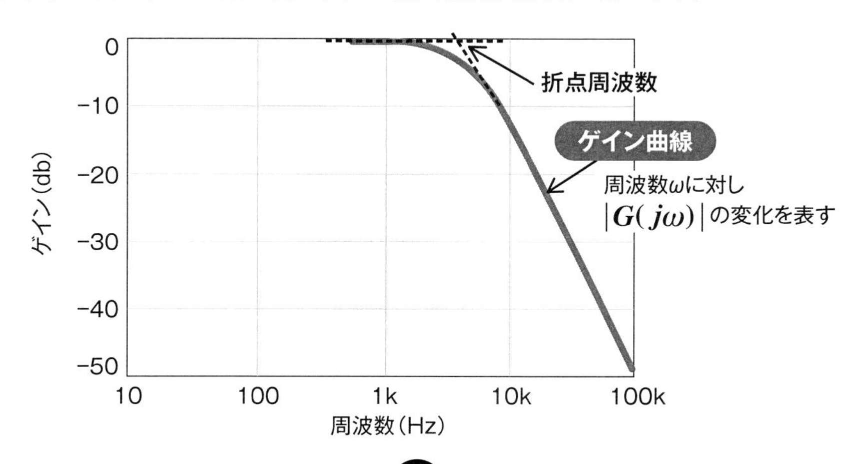

8 ボード線図(位相特性)

続いて、位相のグラフについて説明します。横軸を周波数、縦軸を「位相」としてグラグに表したのが位相特性です。位相特性では、位相のずれΦ（位相角）を縦軸にとっています。単位は、「deg(度)」です。
また、式は以下のようになります。

ここは通常 $\angle G(j\omega)$ と表す

$$位相(deg) = \tan^{-1}\left(\frac{出力位相}{入力位相}\right)$$

位相の度合い(比率)

XY座標から角度を求めるにはtanの逆関数：アークタンジェントを使う　$\theta = a\tan(Y/X)$

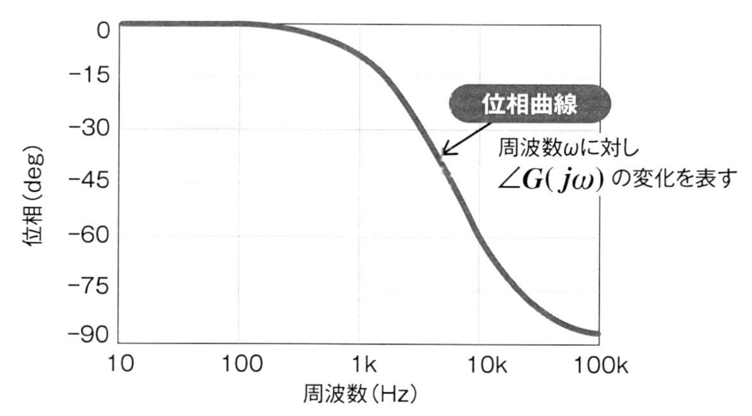

ゲインと位相の特徴を一言で言うと以下のようになります。

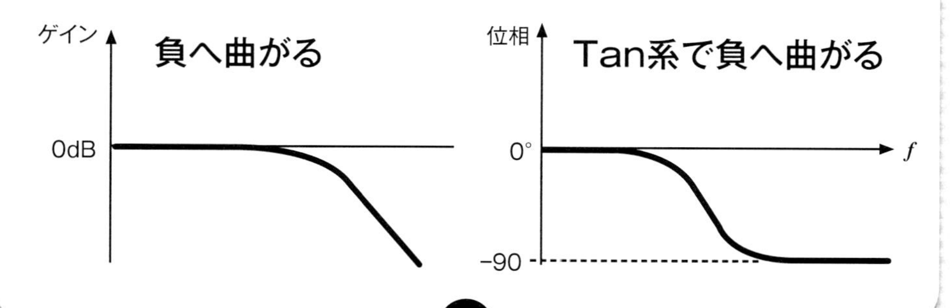

9 ボード線図（ディケード［dec］という単位）

さて、ボード線図のゲイン特性では、20dB／dec や －20dB／decとよく書かれています。「dec」はdecad（ディケード）の略で、周波数を10倍で表すという意味です。 例えば、下の表のように、20dBはゲインが10倍、－20dBはゲインが10分の1倍 、つまり0.1倍、40dBはゲインが100倍、－40dBはゲインが0.01倍となります。dBとdecを使うと、ゲイン特性の傾きを表すことができます。

増幅率G	$20\log 10G$
100000	100
10000	80
1000	60
100	40
10	20
1	0
$1/\sqrt{2}=0.7$	-3
0.5	-6
0.1	-20
0.01	-40
0.001	-60
0.0001	-80
0.00001	-100

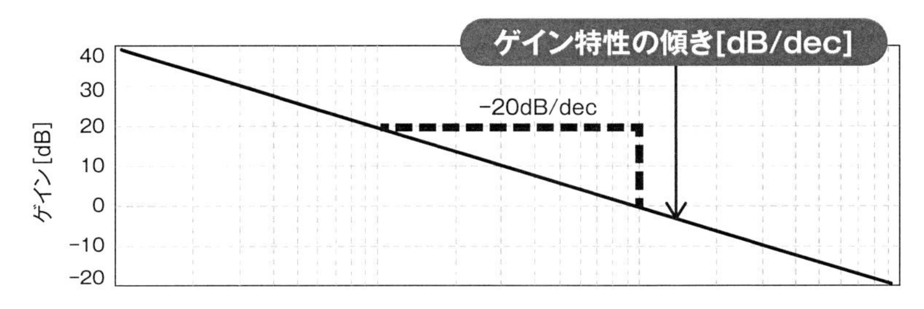

積分要素のボード線図

10 ボード線図の読み方（位相余裕）

それでは、手順を追って、具体的にボード線図を読んでいきましょう。

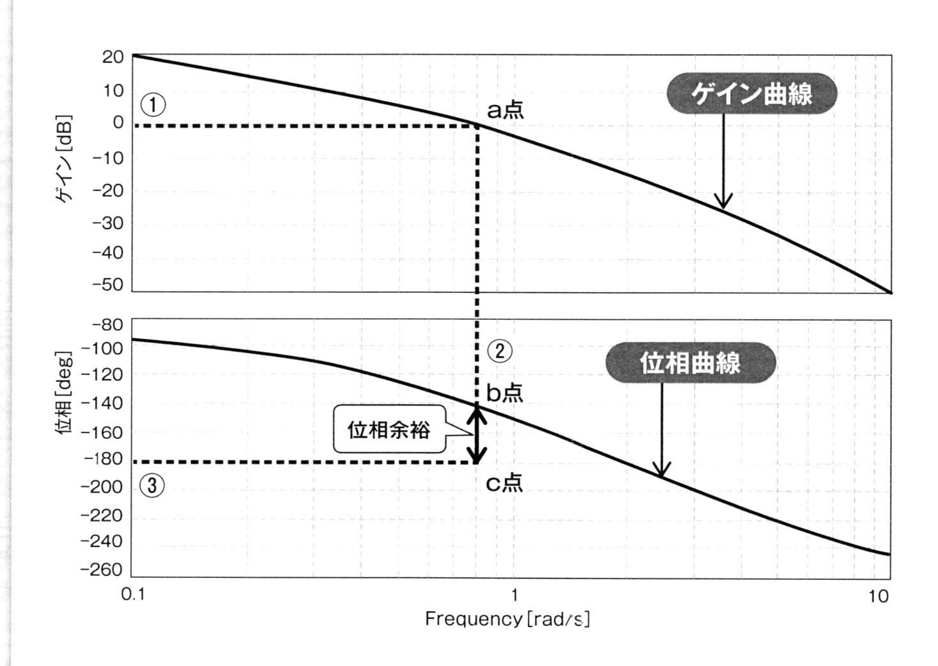

読み方の手順

①まずは、ゲイングラフの「0」の部分に注目します。そこから、水平にゲイン曲線まで線をひきます。重なった点をａ点とします。

②次に、ａ点から位相のグラフに垂直に線を引いて、位相曲線と重なった部分をｂ点とします。

③位相グラフの「－180°」から位相曲線に向かって水平に線を引きます。ちょうどｂ点の下になる部分をｃ点とします。

④ｂ点とｃ点の差幅を読みます。グラフでは、－180°と－140°と読めるので、「40°（絶対値）」とわかりました。これが、位相余裕の値です。

> **要点** 位相余裕は、ボード線図でゲインが0dBのときの位相遅れのこと！

11 ボード線図の読み方(ゲイン余裕)

つづいて、ゲイン余裕についても読んでいきましょう。

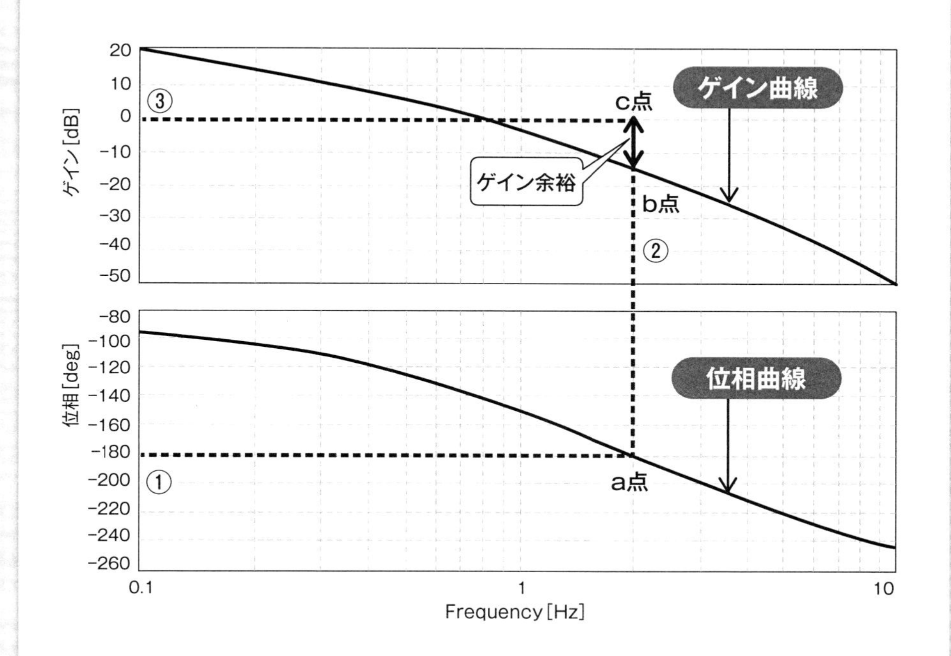

読み方の手順

①位相グラフの「－180」の部分に注目します。そこから、位相曲線まで水平に線を引きます。重なった部分をa点とします。

②次に、a点からゲイングラフに向かって垂直に線を引きます。ゲイン曲線と重なった部分をb点とします。

③ゲイングラフの「0dB」からゲイン曲線に向かって水平に線を引きます。b点のちょうど上になる部分をc点とします。

④b点とc点の差幅を読みます。グラフでは、0dBと－15dBと読めるので、「15dB(絶対値)」とわかりました。これが、ゲイン余裕の値です。

要点 ゲイン余裕は、ボード線図で位相が－180°のときのゲインのこと!

12 位相余裕とゲイン余裕の安定判別

前頁では、ゲイン余裕が「－15dB」で位相余裕が「40°」でした。この値をもとに、システムが安定なのか不安定なのか「安定判別」します。ゲイン余裕は「***GM***」、位相余裕は「***PM***」とします。

まず、「位相の値が−180°のときに」、ゲインの値が「0dBより小さければ」、安定と判定します。

次に、「ゲインの値が0dBのときに」、位相の値が「-180°より小さければ」、安定と判別します。

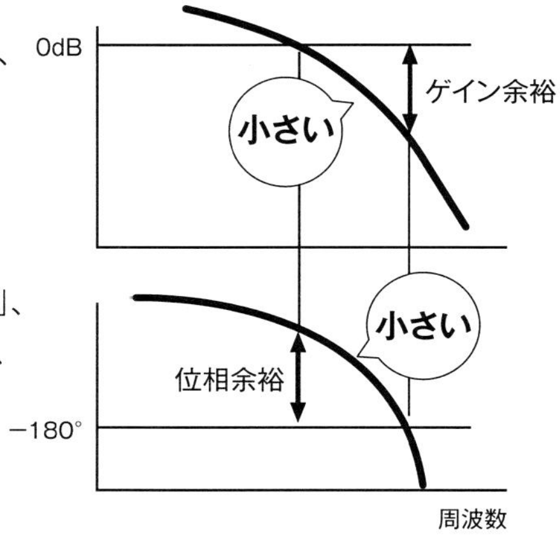

前ページは、***GM***=－15dB<0dB　***PM***=－140°＞－180°
となるので、システムは「安定」だと判定します。

「安定判定」について以下にまとめます。

安定

(***GM***<0),(***PM***>−180)
ならば、
システムの系は「安定」
ただし、安定度が大きいほど応答性が悪くなる

(a) 安定

不安定

(***GM***>0),***PM***<−180)
ならば、
システムの系は「不安定」
発振する。
特性の改善が必要となる

(c) 不安定

安定限界

(***GM***=0),(***PM***=−180)
ならば、
システムの系は
「安定限界」
発散も減衰もなく持続

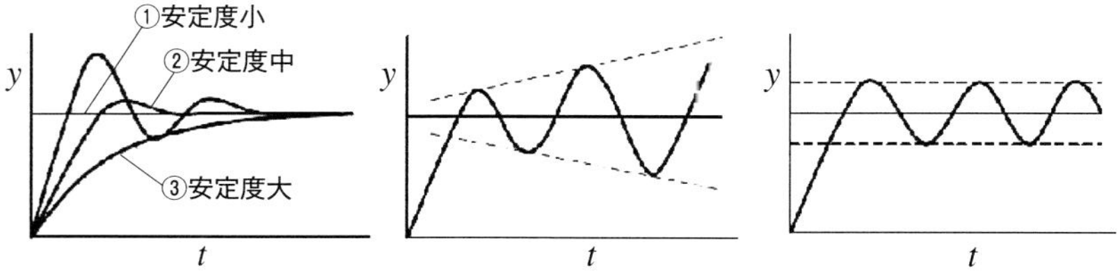

(b) 安定限界

13 ナイキスト線図のポイント

ボード線図と同じく、システムの安定判別を行う方法に、「ナイキスト線図」があります。ナイキスト線図は、周波数応答において、ωを０から∞まで変化させたときの応答の値を「複素数平面」を使ってわかりやすく可視化したものです。やり方は、求めた周波数応答を虚部と実部にわけます。そして、ωの変化をグラフにプロットします。プロットの位置を結んだ線が「ベクトル軌跡（ナイキスト線図）」です。ベクトル軌跡は、一般に、時計周りに進み、グラフの中心（０の部分、$\omega=\infty$）に向かって収束します。グラフには、ゲイン＝０ｄＢの単位円（１から－１まで）を複素平面上にぐるっと描きます。このときのgがゲインで、GMがゲイン余裕です。２つの境を「位相交点」と呼びます。一方、単位円上にある「ゲイン交点」からReまでの角度Φ（PM）が位相余裕です。－１の点は、実数と虚数を使って「$-1+j0$」と表します。下図は、ナイキスト線図のポイントをまとめたものです。

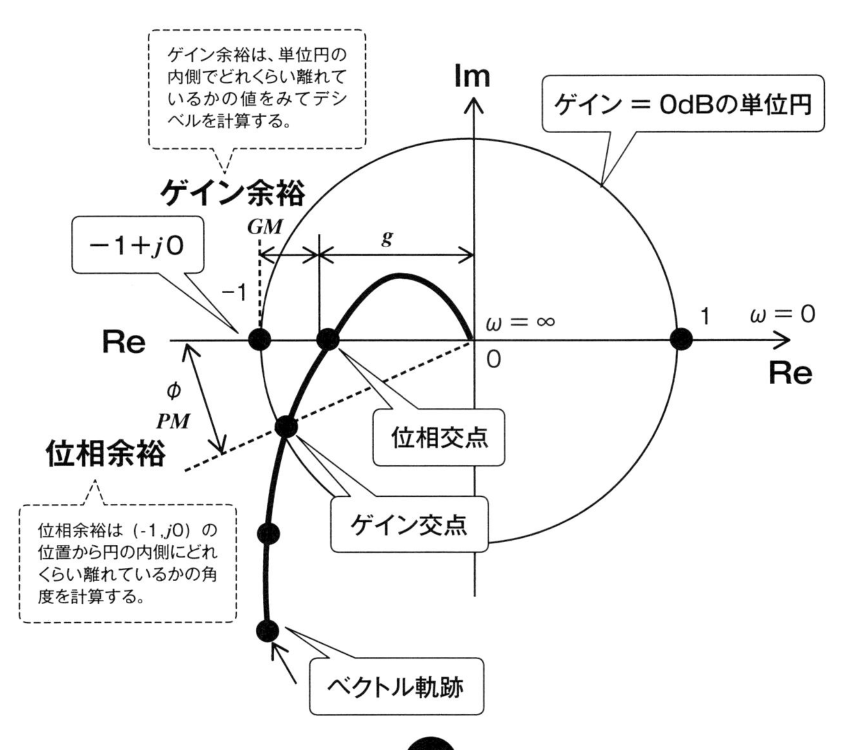

14 ナイキスト線図の読み方（1次遅れの例）

たとえば、「一次遅れ要素」を計算してみると、表のようになり、そのベクトル軌跡は図のようになります。

伝達関数

$$G(s) = \frac{K}{Ts + 1}$$

ω	$\lvert G(j\omega)\rvert$	$\angle G(j\omega)$〔°〕
0	1	0
0.2	0.98	−11
0.5	0.89	−27
1	0.71	−45
2	0.45	−63
5	0.2	−79
∞	0	−90

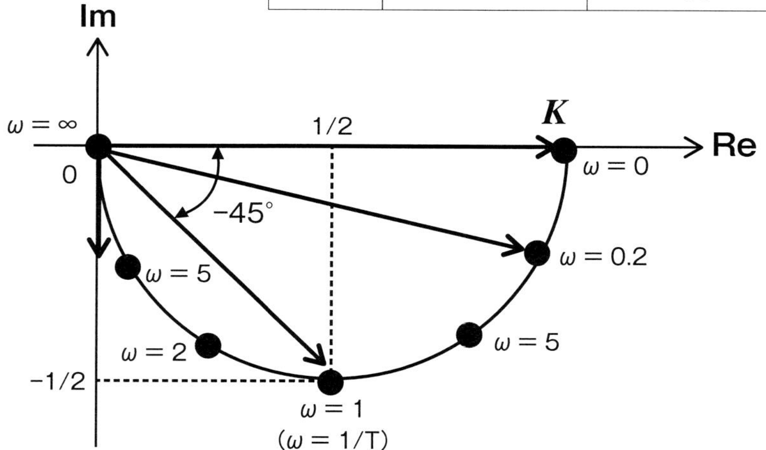

一次遅れ要素

読み方の例

①ωが0のとき、大きさはK、位相は0°
②ωが$1/T$のとき、大きさは、$K\sqrt{2/2}$、位相は−45°
③$\omega \to \infty$のとき、大きさは0に収束、位相は−90° に近づく

15 ナイキスト線図の安定判別

ナイキスト線図に描かれるベクトル軌跡から、ゲイン余裕、位相余裕を求めて安定、不安定の判別を行います。安定、不安定の判別では、その軌跡が−1、つまり「−1＋j0」の座標点の左右どちらかを通過するかがポイントです。

Reの「−1」の点というのは、、安定の限界点です。

図のように、ベクトル軌跡P点が「−1」の座標点より、右側（内側）に入っているときは安定です。

ベクトル軌跡***P***点が「−1＋*j*0」の座標点より左側（外側）にはずれたときは不安定です。

また、ベクトル軌跡***P***点が「−1＋*j*0」の座標点上を通過した場合は安定限界です。

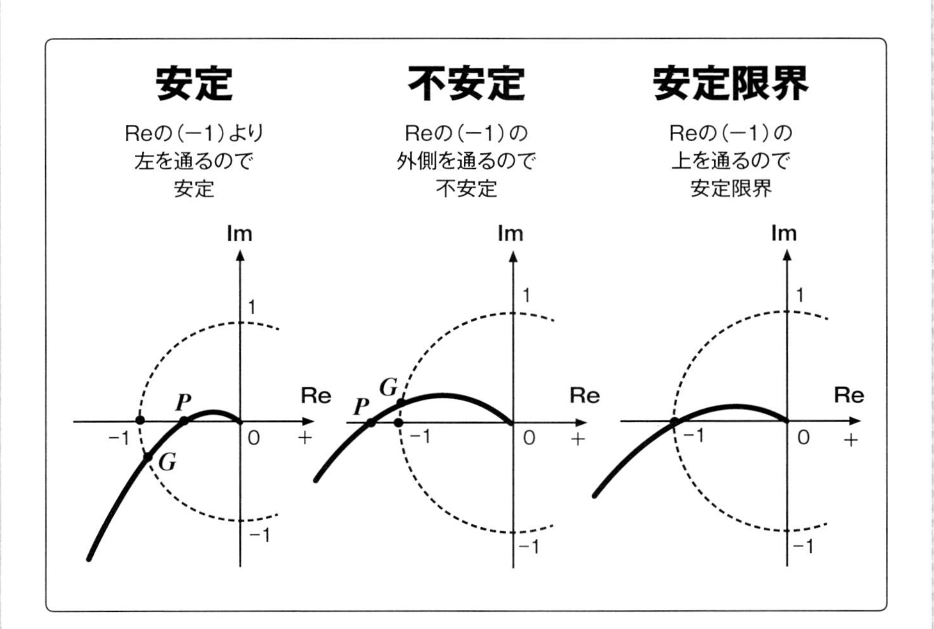

ボード線図とナイキスト線図のまとめ

特徴をまとめると表のようになります。

伝達関数	周波数応答 ゲイン余裕	周波数応答 位相余裕	ナイキスト 線図	ステップ 応答
微分 Ks	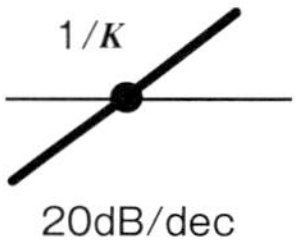 $1/K$ 20dB/dec	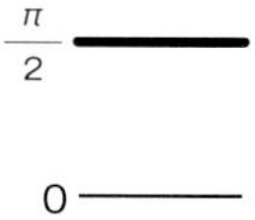 $\frac{\pi}{2}$ 0	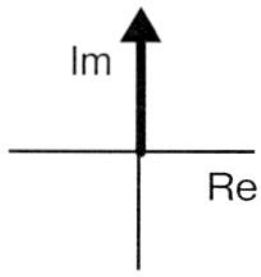 Im Re	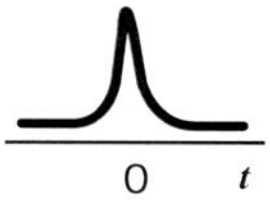 0 t
積分 $\frac{K}{s}$	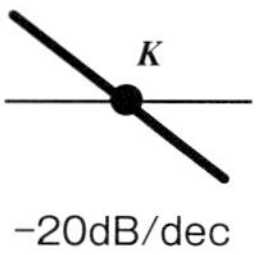 K −20dB/dec	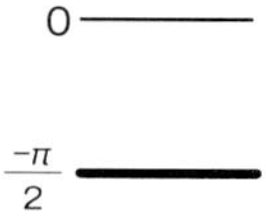 0 $\frac{-\pi}{2}$	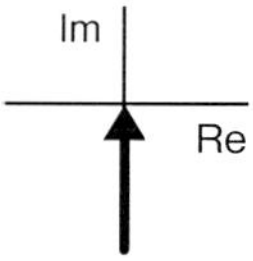 Im Re	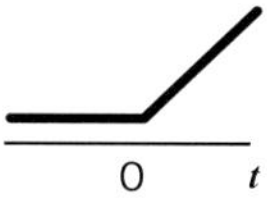 0 t
一次遅れ $\frac{1}{(1+Ts)}$	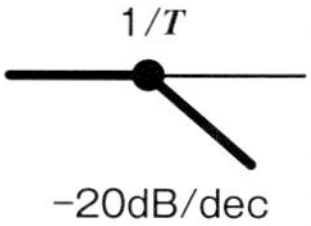 $1/T$ −20dB/dec	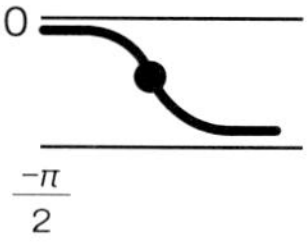 0 $\frac{-\pi}{2}$	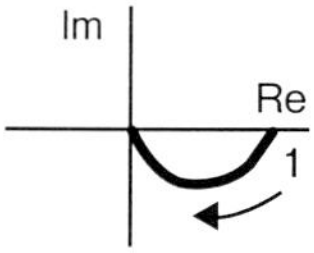 Im Re 1	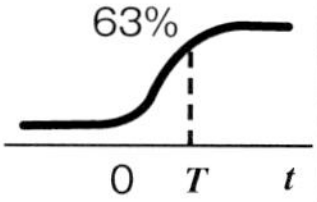 63% 0 T t
二次遅れ $\frac{\omega_n^2}{S^2+2\xi\omega_n s+\omega_n^2}$	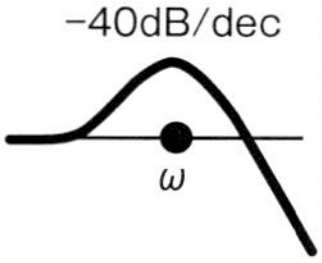 −40dB/dec ω	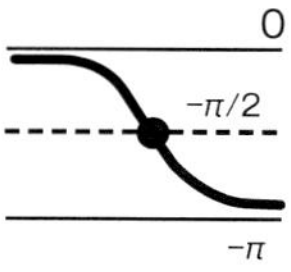 0 $-\pi/2$ $-\pi$	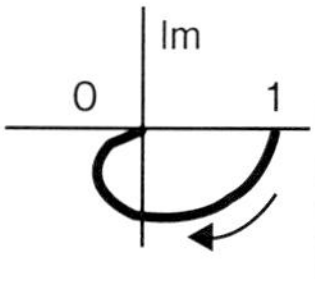 Im 0 1	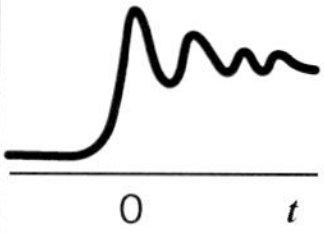 0 t
むだ時間 e^{-Ls}	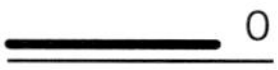 0	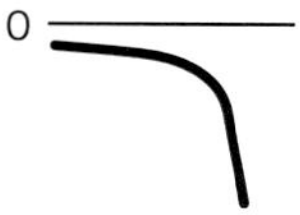 0	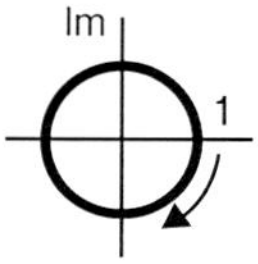 Im 1	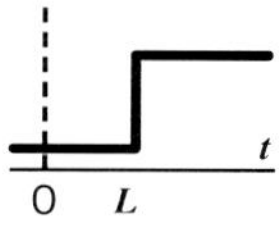 t 0 L

ビギニングTHEチャレンジれんしゅう

下図は、ある一巡伝達関数を一枚のボード線図に示したものです。このグラフから、ゲイン余裕と位相余裕を読み取ってみましょう。そして安定判別をしましょう。

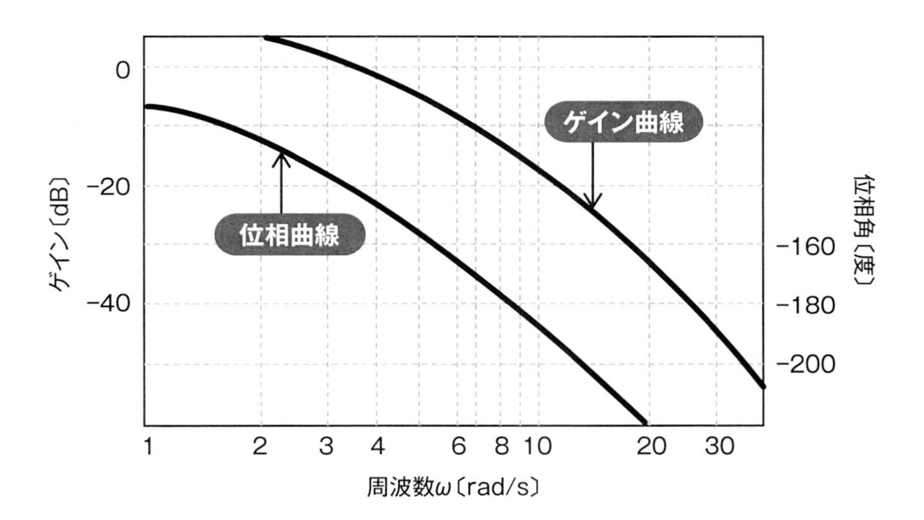

⑩の解答

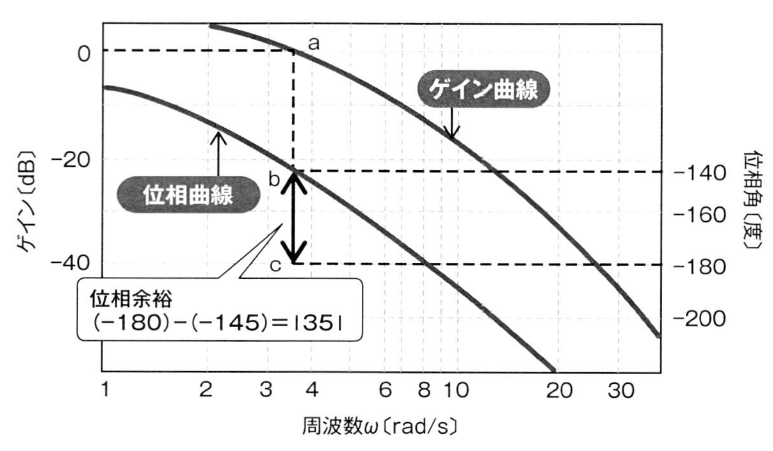

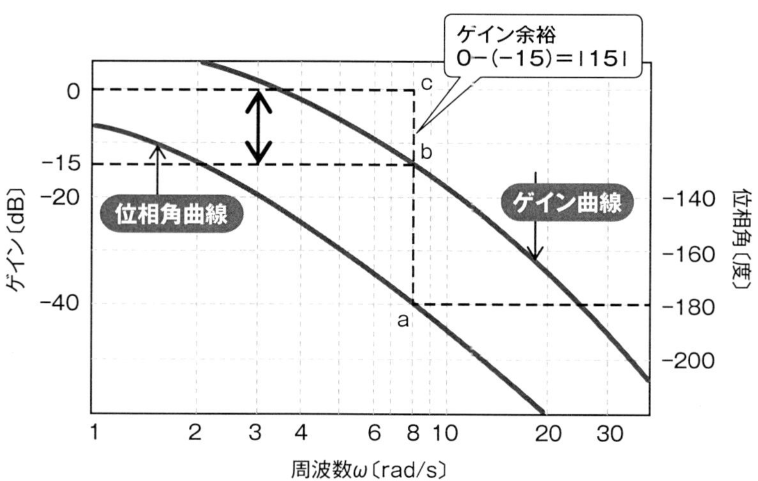

答え

(GM < 0), (PM > −180)
ゲイン余裕：−15dB < 0dB
位相余裕：−145° > −180°
「安定」

ビギニングTHEチャレンジれんしゅう

下図は、ナイキスト線図を示したものです。安定と不安定を判別しましょう。

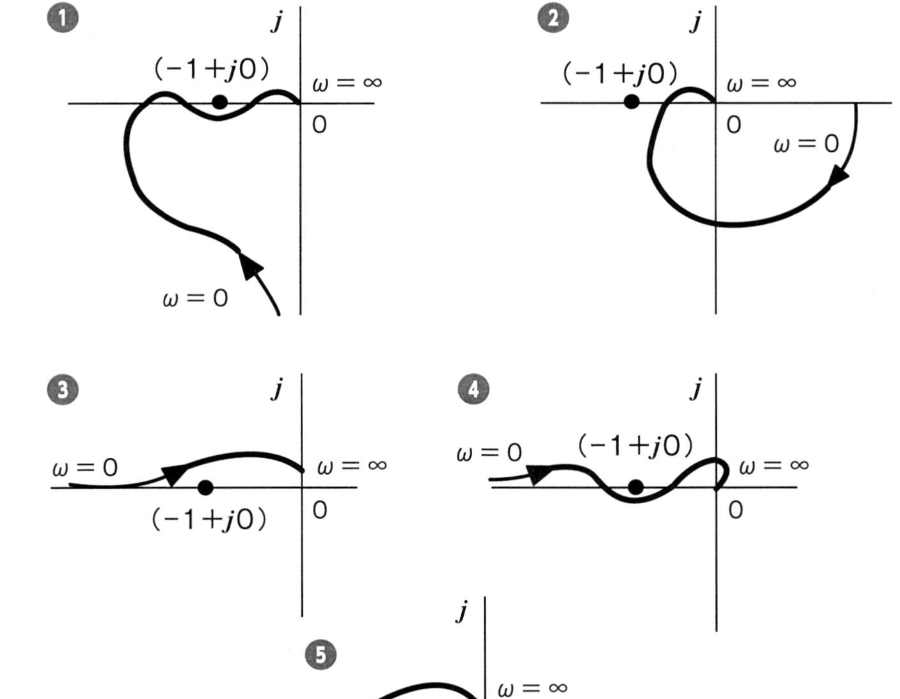

答え

(−1＋j0)の点を見て0に向かって内側に入っていれば安定と判断するだけ。
①安定　②安定　③不安定　④安定　⑤不安定

著者紹介

西田 麻美（にしだ まみ）

国内外の大手・中小企業に従事しながら、搬送用機械､印刷機械、電気機器、ロボットなど機械設計・開発・研究業務を一貫し、数々の機械・機器機械を長年に渡って手がける。2017年に株式会社プラチナリンクを設立(代表取締役)。メカトロニクス・ロボット教育および企業の技術指導を専門に人材育成コンサルティングを行う。
自動化推進協会常任理事技術委員長､電気通信大学一般財団法人目黒会理事技術委員長などを歴任｡現在は東京国際工科専門職大学准教授として兼任。

書籍・執筆多数(日刊工業新聞社)。
メカトロニクス関係のThe ビギニングシリーズは、
｢日本設計工学会武藤栄次賞 Valuable Publishing賞(2013年)｣、
｢関東工業教育協会著作賞(2019年)｣などを受賞。
日本包装機械工業会｢業界発展功労賞(2017年)｣、
一般社団法人日本・アジア優秀企業家連盟アントレベンチャー賞受賞(2019年)など
各種教育方面で表彰される。

株式会社プラチナリンク　URL：https//platinalink.co.jp/

制御工学 The ビギニング

NDC 548.3

2019年　1月25日　初版1刷発行
2024年　10月25日　初版7刷発行

（定価はカバーに表示されております。）

ⓒ著　者　西田麻美
発行者　井水治博
発行所　日刊工業新聞社

〒103-8548　東京都中央区日本橋小網町14-1
電　話　書籍編集部　東京　03-5644-7490
販売・管理部　東京　03-5644-7403
ＦＡＸ　03-5644-7400
振替口座　00190-2-186076
URL　https://pub.nikkan.co.jp/
e-mail　info_shuppan@nikkan.tech

本文イラスト　にしだ まみ
ブック・デザイン　志岐デザイン事務所
印刷･製本　新日本印刷株式会社(POD5)

落丁・乱丁本はお取り替えいたします。　2019　Printed in Japan
ISBN 978-4-526-07916-0

日刊工業新聞社の好評図書

メカトロニクス The ビギニング

―「機械」と「電子電気」と「情報」の基礎レシピ

西田 麻美 著
A5判184頁　定価（本体1600円+税）

ロボットをはじめ、家電、自動車、生産機械など、あらゆる機械や電気製品に使われているメカトロニクス技術。その「メカトロニクス」を理解するために、そして実際の実務に携わる前に、「これだけは知っておいてほしい」基礎知識を、「完全にマスターできる」くらいにやさしく解説、紹介しています。

メカトロニクス入門技術者はもちろん、学生にもおすすめ。「機械」「電子電気」「情報」と幅広い分野の知識を1冊に閉じこめた、宝箱のような本です。

<目次>

モータ制御 The ビギニング

西田 麻美 著
A5判192頁　定価（本体1800円+税）

機械設計者がモータを使いこなすために必要な、「これだけは知っておかなければいけない」モータとその周辺の知識について、イラストや図面、写真を用いて、楽しく、やさしく、わかりやすく紹介する本。とくにモータの種類と特徴、モータ周辺の回路、スペックの見方、制御方法、そして、それぞれの選定について丁寧に説明。学生から現場の初級技術者にまで役立つ内容になっている。

<目次>